윌리엄 모리스의 붉은 집

루이스 바라간의 자택

무르텐 스위스 엑스포 건물

아 코루냐 라 마리나 길

데쓰카 다카하루의 후지유치원

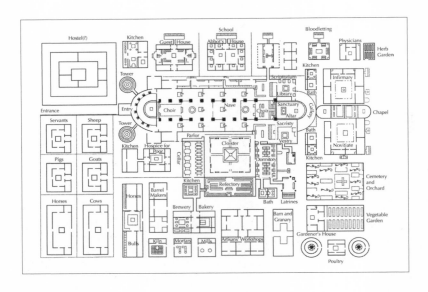

장크트갈렌 수도원 평면도

루이스 칸의 카르카손 스케치

Face extérieure restaurée.
Pl. IV.

비올레르뒤크의 나르본느 성문 드로잉

르 코르뷔지에의 파르테논 스케치

루이스 칸의 아크로폴리스 스케치

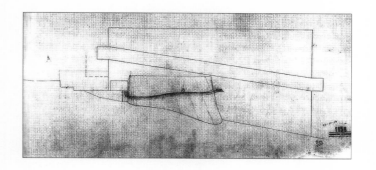

르 코르뷔지에의 라 투레트 수도원 스케치

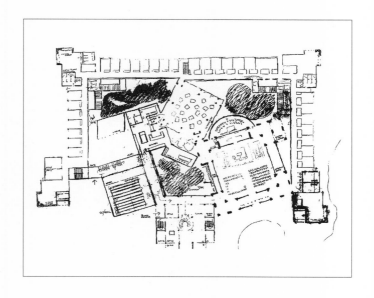

루이스 칸의 도미니코 수녀회 본원 스케치

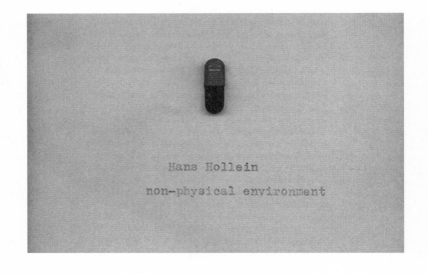

한스 홀라인의 비물리적 공간제어 조립용품

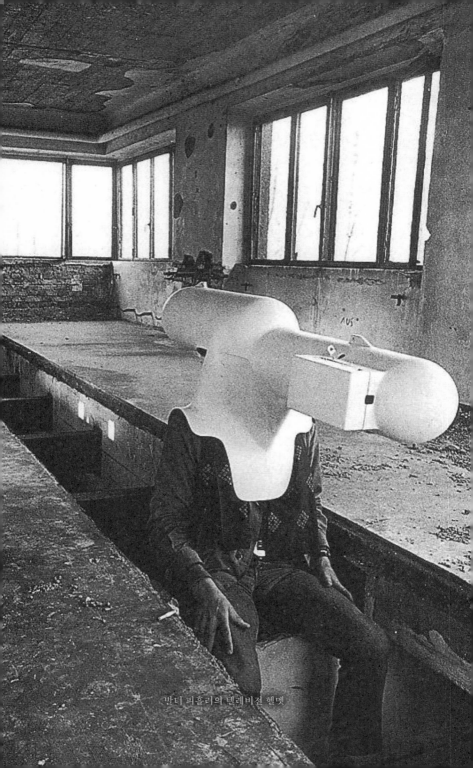

발터 피흘러의 텔레비전 헬멧

루이스 칸의 엑서터 도서관

건축이라는 가능성

건축강의 1: 건축이라는 가능성

2018년 3월 5일 초판 발행 **O** 2019년 3월 4일 3쇄 발행 **O 지은이** 김광현 **O 펴낸이** 김옥철 **O 주간** 문지숙
책임편집 우하경 **O 편집** 오혜진 최은영 이영주 **O 디자인** 박하얀 **O 디자인 도움** 남수빈 박민수 심현정
진행 도움 건축의장연구실 김진원 성나연 장혜림 **O 커뮤니케이션** 이지은 박지선 **O 영업관리** 강소현
인쇄·제책 한영문화사 **O 펴낸곳** (주)안그라픽스 우10881 경기도 파주시 회동길 125 - 15
전화 031.955.7766(편집) 031.955.7755(고객서비스) **O 팩스** 031.955.7744 **O 이메일** agdesign@ag.co.kr
웹사이트 www.agbook.co.kr **O 등록번호** 제2 - 236(1975.7.7)

이 책의 국립중앙도서관 출판예정도서목록(CIP)은 서지정보유통지원시스템 홈페이지(seoji.nl.go.kr)와
국가자료공동목록시스템(nl.go.kr/kolisnet)에서 이용하실 수 있습니다.
CIP제어번호: CIP2018004231

ISBN 978.89.7059.938.0 (94540)
ISBN 978.89.7059.937.3 (세트) (94540)

건축이라는 가능성

김광현

건축 강의 1

안그라픽스

일러두기

1 단행본은 『 』, 논문이나 논설·기고문·기사문·단편은 「 」, 잡지와 신문은 《 》,
   예술 작품이나 강연·노래·공연·전시회명은 〈 〉로 엮었다.

2 인명과 지명을 비롯한 고유명사와 건축 전문 용어 등의 외국어 표기는
   국립국어원 외래어표기법에 따라 표기했으며, 관례로 굳어진 것은 예외로 두었다.

3 원어는 처음 나올 때만 병기하되, 필요에 따라 예외를 두었다.

4 본문에 나오는 인용문은 최대한 원문을 살려 게재하되,
   출판사 편집 규정에 따라 일부 수정했다.

5 책 앞부분에 모아 수록한 이미지는 해당하는 본문에 •으로 표시했다.

건축강의를 시작하며

이 열 권의 '건축강의'는 건축을 전공으로 공부하는 학생, 건축을 일생의 작업으로 여기고 일하는 건축가 그리고 건축이론과 건축 의장을 학생에게 가르치는 이들이 좋은 건축에 대해 폭넓고 깊게 생각할 수 있게 되기를 바라며 썼습니다.

좋은 건축이란 누구나 다가갈 수 있고 그 안에서 생활의 진 정성을 찾을 수 있습니다. 좋은 건축은 언제나 인간의 근본에서 출발하며 인간의 지속하는 가치를 알고 이 땅에 지어집니다. 명작 이 아닌 평범한 건물도 얼마든지 좋은 건축이 될 수 있습니다. 그 렇지 않다면 우리 곁에 그렇게 많은 건축물이 있을 필요가 없을 테니까요. 건축설계는 수많은 질문을 하는 창조적 작업입니다. 그 릴 뿐만 아니라 말하고, 쓰고, 설득하고, 기술을 도입하며, 법을 따 르고, 사람의 신체에 정감을 주도록 예측하는 작업입니다. 설계에 사용하는 트레이싱 페이퍼는 절반이 불투명하고 절반이 투명합 니다. 반쯤은 이전 것을 받아들이고 다른 반은 새것으로 고치라 는 뜻입니다. '건축의장'은 건축설계의 이러한 과정을 이끌고 사고 하며 탐구하는 중심 분야입니다. 건축이 성립하는 조건, 건축을 만드는 사람과 건축 안에 사는 사람의 생각, 인간에 근거를 둔 다 양한 설계의 조건을 탐구합니다.

건축학과에서는 많은 과목을 가르치지만 교과서 없이 가르 치고 배우는 과목이 하나 있습니다. 바로 '건축의장'이라는 과목 입니다. 건축을 공부하기 시작하여 대학에서 가르치는 40년 동안 신기하게도 건축의장이라는 과목에는 사고의 전반을 체계화한 교과서가 없었습니다. 왜 그럴까요?

건축에는 구조나 공간 또는 기능을 따지는 합리적인 측면도 있지만, 정서적이며 비합리적인 측면도 함께 있습니다. 집은 사람 이 그 안에서 살아가는 곳이기 때문입니다. 게다가 집은 혼자 사 는 곳이 아닙니다. 다른 사람들과 함께 말하고 배우고 일하며 모 여 사는 곳입니다. 건축을 잘 파악했다고 생각했지만 사실은 아주 복잡한 이유가 이 때문입니다. 집을 짓는 데에는 건물을 짓고자 하는 사람, 건물을 구상하는 사람, 실제로 짓는 사람, 그 안에 사는 사람 등이 있습니다. 같은 집인데도 이들의 생각과 입장은 제 각기 다릅니다.

건축은 시간이 지남에 따라 점점 관심을 두어야 지식이 쌓이고, 갈수록 공부할 것이 늘어납니다. 오늘의 건축과 고대 이집트 건축 그리고 우리의 옛집과 마을이 주는 가치가 지층처럼 함께 쌓여 있습니다. 이렇게 건축은 방대한 지식과 견해와 판단으로 둘러싸여 있어 제한된 강의 시간에 체계적으로 다루기 어렵습니다.

그런데 건축이론 또는 건축의장 교육이 체계적이지 못한 이유는 따로 있습니다. 독창성이라는 이름으로 건축을 자유로이 가르치고 가볍게 배우려는 태도 때문입니다. 이것은 건축을 단편적인 지식, 개인적인 견해, 공허한 논의, 주관적인 판단, 단순한 예측 그리고 종종 현실과는 무관한 사변으로 바라보는 잘못된 풍토를 만듭니다. 이런 이유 때문에 우리는 건축을 깊이 가르치고 배우지 못하고 있습니다.

'건축강의'의 바탕이 된 자료는 1998년부터 2000년까지 3년 동안 15회에 걸쳐 《이상건축》에 연재한 「건축의 기초개념」입니다. 건축을 둘러싼 조건이 아무리 변해도 건축에는 변하지 않는 본질이 있다고 여기고, 이를 건축가 루이스 칸의 사고를 따라 확인하고자 했습니다. 이 책에서 칸을 많이 언급하는 것은 이 때문입니다. 이 자료로 오랫동안 건축의장을 강의했으나 해를 거듭할수록 내용과 분량에서 부족함을 느끼며 완성을 미루어왔습니다. 그러다가 이제야 비로소 이 책들로 정리하게 되었습니다.

'건축강의'는 서른여섯 개의 장으로 건축의장, 건축이론, 건축설계의 주제를 망라하고자 했습니다. 그리고 건축을 설계할 때의 순서를 고려하여 열 권으로 나누었습니다. 대학 강의 내용에 따라 교과서로 선택하여 사용하거나, 대학원 수업이나 세미나 주제에 맞게 골라 읽기를 기대하기 때문입니다. 본의 아니게 또 다른 『건축십서』가 되었습니다.

1권 『건축이라는 가능성』은 건축설계를 할 때 사전에 갖추고 있어야 할 근본적인 입장과 함께 공동성과 시설을 다룹니다.

건축은 공동체의 희망과 기억에서 성립하는 존재이며, 물적인 존재인 동시에 시설의 의미를 되묻는 일에서 시작하기 때문입니다.

2권 『세우는 자, 생각하는 자』는 건축가에 관한 것입니다. 건축가 스스로 갖추어야 할 이론이란 무엇이며 왜 필요한지, 건축가라는 직능이 과연 무엇인지를 묻고 건축가의 가장 큰 과제인 빌딩 타입을 어떻게 숙고해야 하는지를 밝히고자 했습니다.

3권 『거주하는 장소』에서는 건축은 땅에 의지하여 장소를 만들고 장소의 특성을 시각화하므로, 건축물이 서는 땅인 장소와 그곳에서 거주하는 의미를 살펴봅니다. 그리고 장소와 거주를 공동체가 요구하는 공간으로 바라보고, 이를 사람들의 행위와 프로그램으로 해석하였습니다.

4권 『에워싸는 공간』은 건축 공간의 세계 속에서 인간이 정주하는 방식을 고민합니다. 내부와 외부, 인간을 둘러싸는 공간 등과 함께 근대와 현대의 건축 공간, 정보와 건축 공간 등 점차 다양하게 확대되는 건축 공간을 기술하고 있습니다.

5권 『말하는 형태와 빛』에서는 물적 결합 형식인 형태와 함께 형식, 양식, 유형, 의미, 재현, 은유, 상징, 장식 등과 같은 논쟁적인 주제를 공부합니다. 이는 방의 집합과 구성의 문제로 확장됩니다. 또한 건축에 생명을 주는 빛의 존재 형식을 탐구합니다.

6권 『지각하는 신체』는 건축이론의 출발점인 신체에 관해 살펴봅니다. 또 현상으로 지각되는 건축물의 물질과 표면은 어떤 것이며, 시선이 공간과 어떤 관계를 맺는지 공간 속의 신체 운동과 경험을 설명합니다.

7권 『질서의 가능성』은 질서의 산물인 건축물을 이루는 요소의 의미를 생각하고, 물질이 이어지고 쌓이는 구축 방식과 과정을 살펴봅니다. 그리고 건축의 기본 언어인 다양한 기하학의 역할을 분석합니다.

8권 『부분과 전체』는 건축이 수많은 재료, 요소, 부재, 단위 등으로 지어질 수밖에 없는 점에 주목해 부분과 전체의 관계로 논의합니다. 그리고 고전, 근대, 현대 건축에 이르는 설계 방식을 부분에서 전체로, 전체에서 부분으로 상세하게 해석합니다.

9권『시간의 기술』은 건축을 시간의 지속, 재생, 기억으로 해석합니다. 그리고 속도로 좌우되는 현대도시에 대응하는 지속 가능한 사회의 건축을 살펴봅니다. 이와 함께 건축을 진보시키면서 건축의 표현을 바꾼 기술의 다양한 측면을 정리합니다.

10권『도시와 풍경』은 건축이 도시를 적극적으로 만든다는 관점에서 건축과 도시의 관계를 해석합니다. 그리고 건축에 대하여 이율배반적이면서 상보적인 배경인 자연을 통해 새로운 건축의 가능성을 찾고, 건축과 자연 사이에서 성립하는 풍경의 건축을 다룹니다.

이 열 권의 책은 오랫동안 나의 건축의장 강의를 들어준 서울대학교 건축학과 학부생과 대학원생 그리고 나와 함께 건축을 연구하고 토론해준 건축의장연구실의 모든 제자가 있었기에 가능했습니다. 더욱이 이 많은 내용을 담은 책이 출판되도록 세심하게 내용을 검토하고 애정을 다해 가꾸어주신 안그라픽스 출판부는 이 책의 가장 큰 협조자였습니다. 큰 감사를 드립니다.

2018년 2월 관악 캠퍼스에서
김광현

서문

'집을 짓다'라고 할 때 건축과 건물을 구분하지 않는다. '짓다'는 집과 옷과 밥처럼 삶의 근본을 가능하게 해줄 때 쓰는 우리말이다. 집을 짓는 것은 삶의 근본을 가능하게 하는 행위다. 건축은 짓는 것이 아니며 지어지는 것은 건물이다. 때문에 건축은 근본적인 삶의 가능성이고, 건물은 그 가능성을 물질로 구체화한 것이다. 그래서 건물로 지어진 뒤에도 건축은 늘 가능성을 담고 있다.

건축을 배우면서 본질이니 근거니 하는 말을 은근히 많이 듣는다. 건축에서 본질이 무엇이기에 중요하다고 말하는 걸까? 바로 건축은 어떤 한 개인이 아니라 크고 작은 사람들의 집단이 공동으로 희망을 유지하는 방식이기 때문이다. 지역사회의 작은 건물일지라도 그 지역의 모두가 함께 사용할 목적으로 지어진다. 그러므로 그 건물은 공동의 목적, 공동의 공간, 공동의 감각을 위해 쓰여야 한다.

그렇기에 저 먼 옛날에 세웠던 스톤헨지는 오늘날 어린이집이나 주민센터를 짓는 것과 무관하지 않다. 옛날에 지어진 것이든 오늘에 지어진 것이든 우리 지역에 세워지는 집이든 저 멀리 다른 문화권에서 지어진 집이든 관계없이 건축물이란 이렇게 공동의 목적으로 공간을 만들어 공동체에 질서를 준다. 이런 생각을 깊이 터득하는 것이 건축을 공부하는 이유이고 설계의 시작이다. 건축에 본질과 근거가 있다 함은 이를 두고 하는 말이며, 건축에서 이보다 더 근본이 되는 것은 없다.

건축은 공간으로 만들어지고 물질과 구조로 건축물이 되지만, 이것으로 끝나지 않고 건축가와 시공사가 떠난 뒤에도 계속 사용된다. 그래서 건축물은 그것을 지은 사회로 넘겨진다. 사회는 이런 건축물을 어떻게 바라보고 기대하고 사용하고 유지해야 하는지에 대한 책임과 권리를 갖게 된다. 건축가는 사라졌지만 제2, 제3의 무수한 건축가는 계속 나타나게 되어 있다.

건축물은 만들고 짓고 세우는 이들 개인의 창조적인 능력으로만 완성되는 것이 아니다. 건축물은 그 어떤 경우라도 시설로 기획되고 완성된다. 그러니 건축가가 건축물의 모든 과정을 다 다룬다고 잘못 생각해서는 안 된다. 그런 과정 사이에 건축가는 일시 개입해 들어갈 뿐이다. 여기서 '시설'이라는 개념이 아주 중요한데, 시설은 사회제도에 따라 지어진다. 제도라고 하면 왠지 어렵고 껄끄럽게 들려서 머릿속에 금방 들어오지 않겠지만, 모든 건축물은 바로 이 제도에 얽힌 산물이고 제도가 그런 공간을 요구하고 있다. 건축의 사회적인 역할이 바로 여기 있다. 건축을 시설과 제도의 측면에서 바라보지 않으면 안 되는 이유다.

'건축강의' 1권 『건축이라는 가능성』의 1장은 '건축을 생각하는 조건'이다. 그러나 이 책의 1장은 실은 건축하는 모든 이들의 1장이 되어야 한다. 바꾸어 말해 건축하는 사람이라면 누구에게나 늘 앞세우고 반성하고 다시 고치고 확인해야 하는 1장이 있다는 말이다. 이를 두고 건축을 대하는 태도, 곧 '건축관'이라 부른다. 이것은 사전에 정해진 것이 아니며, 건축을 해가는 경험 속에서 수정되고 확인된다. 건축의장을 공부하는 최종적인 목적도 여기에 있다.

이 책에서는 건축이라는 가능성을 실현하는 조건 몇 가지를 설명해두었다. 흔히 건축가라면 남과는 다른 멋진 집을 지으리라 생각한다. 하지만 이것은 건축하는 올바른 조건이 아니며 하수들이 하는 생각이다. 먼 옛날 사람들은 대학에서 건축을 공부한 적이 전혀 없는데도 어떻게 뛰어난 건축물을 만들 수 있었을까? 좋은 건축에는 건축의 가능성을 실현하는 조건이 따로 있다는 뜻이다. 이 사실을 늘 기억하도록 하자.

1장　건축을 생각하는 조건

2장   근원을 아는 자의 기술

3장   건축과 공동성

1장

건축을 생각하는 조건

건축가가 마련하는 건물이라는 무대는
먼 장래까지 지속할 수 있도록 지어지며
그 안에서 생활하는 보통 사람들의 삶은
길고 느리다.

생활

지속하는 생활

건축은 사람이 생활하기 위해서 물질로 만든 구축물이다. 사람은 바닥과 벽으로 둘러싸이고 천장이나 지붕으로 에워싸인 어떤 공간 안에서 생활한다. 건축은 매일매일 내가 살아가면서 머무는 곳이고 만나는 곳이며 다른 이들과 함께 생활하는 곳이다. 그러나 사람은 그 안에서 반드시 특별한 것을 하며 살지 않는다. 매일 반복하는 일, 그렇지만 살아가는 데 빠져서는 안 되는 일을 한다. 건축은 다른 예술과 비교할 때 중력에 대항해야 하므로 형태가 늘 추상적이고 견고하여 냉정하게 느껴질지 모르나, 태어나서부터 죽을 때까지 사람의 일상생활이 늘 이루어지는 곳이다. 건축가 르 코르뷔지에Le Corbusier의 말처럼 "내 집은 생활의 보물 상자"다. 이 보물 상자는 점점 더 커져서 커다란 홀도 되고 더 커다란 집도 된다. 이런 집은 나와 나의 생활을 드러낸다. 따라서 건축은 물질로 이루어진 구축물만은 아니다.

생활이란 한번 하고 마는 것이 아니다. 생활은 되풀이되고 지속된다. 그래서 건축에서 과거는 중요하다. 건축은 역사, 관습, 땅, 공법 등 과거에 얽혀 있는 것이 아주 많다. 건축은 사람들의 마음과 눈에 호소하고 생활하는 이에게 깊은 기쁨을 주고 기억의 대상이 된다. 어린 시절을 회상할 때 집들의 지붕, 담장의 실루엣, 나무, 어느 빈터가 되살아난다.

이런 공간의 기억 속에 자신의 오래된 추억이 있고 먹고 놀던 개인의 역사가 있다. 건축과 그것을 둘러싸고 있던 마을과 도시는 한 사람 한 사람에게 중요한 역사의 이정표였다. 건축은 쓰다 버리는 단순한 물체나 도구가 아니다. 건축은 생활 속에서 우리와 호흡하는 물체이며 나의 기억을 담게 되는 이상한 도구다.

생활은 내버려두는 것이 아니다. 지속하는 생활은 가꾸고 기르는 것이다. 생활이 그렇듯 건축은 주변을 희생하여 어느 날 새로운 커다란 물건을 만드는 것이 아니다. '건축이 우리의 생활을 담는다'는 말은 건축이 아이를 기르고 나무를 기르듯 건축이 우리를 다른 사람과 함께 '자라게 함'을 뜻한다. 그래서 건축은 시간에 관한 것이고 성장하고 변하는 것이다.

이제는 아무도 읽지 않으나 오래전에 많은 사람에게 읽혔던 스틴 아일러 라스무센Steen Eiler Rasmussen의 유명한 책 『건축예술의 체득Experiencing Architecture』에는 이런 말이 있다. "건축가는 원예가와 공통된 무언가가 있다. 원예가가 성공하느냐 아니냐는 그가 선택한 식물이 잘 자라느냐 아니냐에 달려 있음을 누구나 알고 있다. …… 건축가도 역시 생물, 식물과는 비교할 수 없는 사람과 함께 작업한다. 만일 사람이 집 안에서 잘 자라지 못한다면 눈에 보이는 아름다움도 쓸모없게 될 것이다."[1]

일상의 생활은 늘 같고 보편적이며 쉽게 변해서도 안 된다. 일상은 나 혼자서만 만들 수 없고 나를 둘러싼 수많은 사람과 함께하는 것이다. 일상이란 수많은 약속과 목적 또는 습관으로 성립하는 세계다. 위인과 천재만이 세계를 만들지 않고 역사에 천재만이 남지 않듯, 일상생활이란 특별한 몇몇 사람이 결정하는 것이 아니다. 피렌체의 산타 마리아 델 피오레 대성당Cattedrale di Santa Maria del Fiore은 필리포 브루넬레스키Filippo Brunelleschi의 돔으로 유명하다. 그러나 이 돔이 여러 사람이 만들어 낸 이 건물의 전체상을 다 나타내지는 않는다. 특별한 한 작품이 세상의 모든 것을 대변하지 않듯이, 건축은 수많은 사람과 함께하는 일상의 바탕이다. 이런 이유에서 건축은 한정된 예술적 판단을 기준으로 삼아서는 안 된다.

살아가는 방식

집은 사람이 사는 공간이다. 그러나 집은 사는 사람의 신체와 같다. 집은 예술이나 공학만으로 이루어지지 않으며 건설이나 기술만으로 이루어지지도 않는다. 건축을 생각할 때 가장 중요한 면은 건축 안에 있는 우리와 나는 세상에 하나밖에 없다는 사실이다. 유명한 사람의 집이든 평범한 사람의 집이든 건축은 그곳에 사는 사람의 생활에 귀속한다. 나라는 존재가 개별적이고 나의 생활이 고유하다면 건축은 자신의 생활을 살펴보고 반성하기 위한 중요한 통로다. 많이 듣는 말이지만 집은 삶의 거울이요 징표다.

근대건축사 앞부분에 빠지지 않고 나오는 주택은 윌리엄 모리스William Morris의 붉은 집Red House•이다. 그가 스물여섯 살 때 열아홉 살의 신부와 함께 살 신혼집으로 지은 집이다. 그는 큰 부자였고 이 주택은 친구들과 협력하여 만든 공동 작업이었다. 설계는 필립 웹Philip Webb이 했고 번존스Burne-Jones가 스테인드글라스를 만들었으며 가구는 단테 가브리엘 로세티Dante Gabriel Rossetti가 해주었다. 모리스는 가구와 벽지를 디자인했다. 직장과 주거가 분리된 근대사회에는 새로운 타입의 전용 주택이 생겼는데, 이 주택은 근대 교외 주택의 원형으로 평가받는다. 전에는 이런 주택이 없었다.

사람은 집을 지을 때 이상적인 생활을 꿈꾼다. 모리스는 이 붉은 집에 자신의 '생활'을 표현했다. 가구, 벽지, 인테리어, 유리창 그리고 주택의 배치에서 자신의 생활을 지나치리만큼 세심하게 표현했다. 그러나 그는 1865년 이 집을 팔고 런던으로 이사했다. 1859년에 지었으니 6년 살다가 이사한 것이다. 이 주택이 거주자의 생활을 표현한 것은 사실이나 이 집은 모리스의 '생활'과 인생을 함께한 집은 아니었다.

1947년 멕시코시티 근방 타쿠바야Tacubaya에 세워진 건축가 루이스 바라간Luis Barragán의 자택•은 생활공간, 건축 스튜디오, 정원 등 세 부분으로 나뉘어 있다. 노동자 주택지에 가까운 대지에 소박하게 지어져 있고 외관에는 입구와 커다란 창문 하나만 있다. 대신 집의 내부에서는 하늘을 바라볼 수가 있다. 거실 전체는 생활이 묻어 있다. 거실 깊은 곳에는 정원에 접하여 십자형으로 네 분할된 아주 큰 창이 나 있다. 바라간은 이 창가에 식탁을 두었고, 점심 식사 전에 이 창에 붙어 있는 테라스 위에서 작은 새들에게 먹이를 주고는 올이 거친 커튼을 젖힌 뒤 식사를 했다.

옥상 테라스에서는 벽에 둘러싸인 채 하늘과 교감할 수 있다. 이 주택은 기품이 있고 삶을 돌아보고 훈련하는 모습이 배어 있다. 바라간 자신이 늘 주장한 대로 이 주택은 차디찬 실용품이 아니었다. 그의 피난처이자 정감에 호소하는 것이었다. 윌리엄 모리스의 붉은 집은 루이스 바라간의 자택과 같지 않다.

존 듀이John Dewey는 "예술적 차원은 작품과 그 작품을 읽거나 보는 사람과의 만남에서 일어난다."²라고 말했다. 예술적인 경험은 만드는 사람에게만 속하지 않는다. 예술 작품이 소설이라면 쓰고 읽는 사람, 회화라면 그린 이와 보는 사람의 관계 안에서 경험을 일구어낸다. 건축의 경험은 이보다 더해서, 건축가와 거주하는 사람의 관계 속에서 예술적 경험을 얻을 수 있다.

존 듀이는 "언어란 말하는 사람과 함께 듣는 사람이 있을 때만 존재한다. 듣는 사람은 말하는 사람에게 없어서는 안 되는 동반자다. 예술 작품은 그것을 만든 사람 이외의 다른 이들의 경험 안에서 작용할 때만 완전해진다."라고 했다. 소설의 예술성은 그것을 지은 이와 읽는 이 사이에서, 회화의 예술성은 그것을 그린 이와 보는 이 사이에서 일어나는 언어이고 경험이다. 그런데 건축의 경험은 소설이나 회화와 비교할 수 없을 정도로 건축가와 거주하는 사람의 관계가 매우 직접적이다. 위대한 음악이 작곡가와 청중 사이에 존재하듯, 훌륭한 건축은 건축가와 그것을 만들도록 해준 사회, 그리고 그곳에 거주하는 이들 사이에서 비롯함을 늘 잊어서는 안 된다.

한국 전통 정원은 일본의 가레산스이枯山水와 다르다. 한국이라는 풍토에서는 도저히 가레산스이를 만들 수도 생각할 수도 없다. 한국 사람은 공간과 물체를 압축하지 않으며, 그 압축된 공간에서 대자연을 느끼려 하지 않는다. 도대체 무엇이 이 두 정원의 모습을 그토록 다르게 만들까? 바로 살아가는 방식이 다르기 때문이다. 살아가는 방식이 다르니 발상과 상상력이 다르다. 건축도 똑같다. 건축이 어떻게 지어지고 설계되어야 하는가는 설계의 방법에만 있지 않고, 살아가는 방식에 근거한 발상과 상상력에 있다.

무대를 만드는 것

사람이 생활하기 위해서 물질로 만든 구축물이 건축이라면 건축가가 설계하고 사고해야 하는 방식이 달라진다. 살아가는 방식에 근거한 발상과 상상력이란 오늘의 시대가 새롭게 요구하는 바를 발견하는 것이기도 하다. 두 가지 방법이 있다. 하나는 오늘이라는 조건에서 건물을 어떻게 만드는가를 묻는 것이고, 다른 하나는 오늘이라는 조건에서 건물이 어떻게 쓰이는가를 묻는 것이다.

건물을 어떻게 만드는가는 이제까지 많은 사람이 물어왔다. 다만 이 물음이 전과 다른 점이 있다면, 건물을 만들기 이전에 어떤 원칙이 있고, 그것을 잘 따르면 된다는 생각을 버리는 것이다. 물론 건물을 만드는 원칙은 이전에 지어진 것에도 있고, 이전에 따랐던 것에도 있을 수 있다. 그러나 현대를 조건으로 생각하려면, 그것을 이미 정해진 무언가로 인식하지 않고, 원칙을 새롭게 발견하는 데서 출발해야 한다.

그러면 건물이 어떻게 사용되는지 묻는 것은 무엇인가? 건물의 기능적인 면을 잘 해결하면 된다는 뜻은 아니다. 예전에는 기능적으로 편리하고 사용하기 쉬운 것에 초점을 맞춰 오직 사용자 편에서 생각하는 태도를 지나치게 강조했다. 그러나 건물을 사용하는 방법이란 건물을 만드는 사람과 건물을 사용하는 사람 모두에 해당한다. 건축가는 사용하는 방식에서 공간을 추출할 수 있고, 사용자는 사용하는 방식에서 건축물을 만드는 방식에 기여하고 참여할 수 있다. 이를 다르게 말하면, 건축가가 사용자라는 타자를 만나는 방식이다. 따라서 이제 "사람들은 건물을 어떻게 사용하는가?"를 넘어, "사람들은 건물을 어떻게 사용하고 싶어 하는가?"로 바꾸어 묻고 해석해야 한다. 침실은 '자기 위한 방'이 아니라, '자고 싶은 생각이 드는 방'으로 바뀌어야 한다.

건축은 '삶을 담는 그릇'이라고 생각하기 쉽다. 그러나 이 본뜻이 잘 살아나려면, 인간의 삶이 건축에 담길 정도로 그렇게 단순한가, 건축가가 자기 집을 손수 지었을 때 자신의 삶을 담았다고 자신 있게 말할 수 있는가를 의심해보아야 한다. '건축은 삶을 담는 그릇이다.'를 두고 건축은 사람의 삶을 만든다고 바꾸어 주장해서는 안 된다.

건축은 사람의 삶을 만든다고 할 때 윈스턴 처칠Winston Churchill의 말을 많이 인용한다. "우리가 건물을 만들지만, 그 건물은 다시 우리를 만든다." 그러나 루트비히 미스 반 데어 로에Ludwig Mies van der Rohe는 이렇게 말하지 않았다. "건축가인 우리는 삶을 바꿀 수 없다. 삶은 변화될 수 있다. 하지만 건축가가 바꾸는 것은 아니다. 건축가인 우리는 단지 물리적 변화를 일으킬 수 있는 사물을 안내할 수 있을 뿐이다." 또한 사람의 생활을 늘 눈여겨본 겸손한 건축가 알바 알토Alvar Aalto는 건축이 사람의 삶을 만든다고 하지 않았다. 그는 이렇게 말했다. "건축, 그 진정한 모습은 사람이 그 안에 섰을 때 비로소 이해될 수 있다."

무슨 뜻일까? 건축이라는 물질적인 껍질도 그 안에 사람이 있을 때 비로소 의미가 있다는 말이다. 건축이 사람의 삶을 만들기는커녕 반대로 사람이 건축의 진정한 모습을 완성한다는 뜻이다. 건축은 어디까지나 사는 사람의 '생활'을 담지만, 아무리 보잘것없이 보이는 삶이라도 건축이 어떤 사람의 삶을 결정하고 디자인할 수는 없다.

건축가는 사는 사람의 생활을 결정해주는 것이 아니라, 다만 사는 사람들의 생활이 일어나는 무대를 만들 뿐이다. 주택이 새로 완공되었다고 하자. 새 주택에는 가구 디자이너에게 맡긴 새 가구가 들어왔다. 건축가가 새로 만든 무대 위에는 이전에 있던 가구나 물건이 들어오며, 심어두었던 나무도 새집 마당에 심을 수 있고 키우던 개도 새집에 입주할 수 있다. 이들은 건축가가 정해준 대로 살지 않는다. 새집을 지어주었다는 이유로 건축가가 그 집에 사는 사람의 생활을 바꾼다는 말은 오만하다.

이 가구와 물건들은 건축가가 미처 몰랐던 이 집 식구만의 생활의 모습이며 기억의 단편이다. 가족이 쓰던 물건은 새 주택에 잘 맞을 수도 있고 안 맞을 수도 있다. 시간이 지나며 이 주택은 계속 만들어지고 계속 '지어지며' 새 주택의 또 새로운 모습이 '발견된다'. 이렇게 새집은 이들의 실제 생활로 다시 짜여간다. 변해가며 새로 짜이는 집 속에는 건축가, 가구 디자이너, 집주인, 또 가족 구성원의 생각이 겹쳐진다.

라스무센도 건축을 이렇게 생각하도록 권했다. "건축가는 일종의 연극 제작자로 우리 생활을 위한 무대를 계획하는 사람이다."[3] 앞서 소개한 그의 책 제1장에 쓰인 문장이다. 건축가는 거주자가 살아가는 방식을 디자인한다는 식으로 자기 직업을 거만하게 말해서는 안 되며, 다른 사람들의 생활이 어떻게 전개될지 겸손하고 조용히 그리고 그 속까지 잘 들여다보라는 뜻이다.

그런데 라스무센의 다음 말이 더 인상적이다. "이 제작자의 일이 어려운 것은 이 무대에 서는 사람이 유명한 배우가 아닌 평범한 사람이라는 데 있다. 건축가는 이 평범한 사람들의 자연스러운 연기법natural way of acting을 알아야 한다. 그렇지 않으면 모든 것이 큰 실패로 돌아갈 것이다."[4] 평범한 사람, 보통 사람이 살아가는 생활을 생각하라는 말이다. 보통 사람은 자신이 살아가는 방식을 스스로 정한다. 건축가가 정하지 않는다. 이들은 알아서 자연스럽게 살아간다. 그것을 잘 파악해야 한다는 뜻이다.

"화가가 그리는 스케치는 순전히 개인적인 기록이다. 그의 붓놀림은 그의 필적만큼이나 개인적이다. 그래서 모방하면 위조품이 된다. 그러나 이것은 건축에서는 맞지 않는 말이다. 건축가는 드러나지 않은 채 뒤로 물러나 있다. 이 점에서 건축가는 또 한 번 연극 제작자를 닮았다."[5] 건축가가 자신을 사람이 살아가는 방식을 디자인해주는 사람이라고 주장한다면, 그는 화가처럼 자기의 개인적인 생각을 남의 집에 기록하는 것이다. 그러나 보통 사람이 살아가는 생활을 생각하는 건축가는 드러나지 않은 채 뒤로 물러나 있다.

건축가가 마련하는 건물이라는 무대는 먼 장래까지 지속할 수 있도록 지어지며, 그 안에서 생활하는 보통 사람들의 삶은 "길고 느리다."라고 흔히 말한다. "건축가의 작업은 먼 장래에 지속하도록 의도되는 것이다. 건축가는 길고 느린 연기를 위한 무대를 설치하므로, 예측하지 못한 즉흥 연극을 충분히 수용하도록 적응할 수 있어야 한다."[6] 그런데 여기에는 문제가 있다. 고정되는 건축물 안에서 매일 생활이 되풀이된다 할지라도 예측하지 못한 일을 충분히 받아들일 수 있어야 한다. 현대건축의 용어로 '사건event'을 충분히 수용할 수 있도록 준비하라는 말이다.

경험

몸으로 아는 것

경험과 체험은 뚜렷하게 구분되지는 않는다. 경험은 '자신이 실제로 해보거나 겪어봄 또는 거기서 얻은 지식이나 기능'을 뜻하고, 체험은 '자기가 몸소 겪음 또는 그런 경험'을 뜻한다. 그러나 경험과 체험은 같지 않다. 체험은 몸소體 겪어서 얻음에 초점이 있고, 경험은 지나온 과정經에 초점이 있다. 체험은 그 상황을 몸으로만 느끼는 것이지만, 경험은 체험에 사색이 더해지고 자신의 것으로 만드는 것이다.

회화는 강의를 통해 설명하기가 쉽다. 그림에 집중하며 설명을 들으면 구도, 소재, 화가의 사상, 상징성 등을 알아들을 수 있다. 그런데 건축은 강의를 통해 설명하기가 아주 어렵다. 주목해야 할 몇 장면을 보았다고 해서 그 건물이 어떻게 생겼는지 알 수 없다. 사진을 아무리 많이 보여주어도 직접 가서 보지 않은 사람에게는 여전히 알지 못할 부분이 많다. 더구나 건축물은 3차원적이고 시점을 달리하며 그 안을 다닐 때마다 다른 모습으로 계속 나타나기 때문에 건축물을 완전히 체험한다는 것은 가능하지 않다. 더구나 건축은 전시장에 따로 떼어놓는 것이 아니다. 바깥에 있는 집, 길, 나무, 하늘 등 건축물을 둘러싼 수많은 요소와 함께 지각되는 것이어서 움직이며 시간의 경과와 함께 인식된다. 너무나도 당연하지만 건축은 그래서 어려워 보인다.

그러나 건축에서는 바로 이 점이 아주 중요하다. 건축은 체험되는 것이고 경험되는 것이다. 건축은 눈으로 본다고 다 된 것이 아니라, 내 몸으로 직접 보고 만지고 다니고 소리를 듣지 않으면 안 된다. 바로 그래서 건축은 신체적이고 다른 것으로는 도저히 체험할 수 없는 깊은 감정으로 느끼며 이를 정신으로 바꾸어 해석하는 경험의 즐거움이 있다. 아무리 아름답다는 마을도 내가 직접 가보지 않으면 안 된다. 높은 곳에 올라가 내려다보고 좁은 길, 이리저리 굽은 계단, 남의 집의 옥상을 다녀보고 그들의 주택 안뜰에도 앉아보아야 마을을 조금이라도 더 가깝게 알 수 있다. 그러나 내가 아무리 열심히 다녀도 이 마을에 사는 사람이 경험하는 바를 알 수는 없다.

어떤 건물이든 공간 안을 움직이며 체험하는 사람들이 본래 지닌 능력을 돋보이게 해줄 수 있고, 그 능력이 다 발휘되지 못하게 할 수도 있는 두 가지 측면을 모두 가지고 있다. 그래서 사람은 지금 어떻게 그 장소를 사용할지 스스로 결정해야 한다. 집에는 사람들의 그런 자발적인 능력이 나타날 수 있다. 문을 열고 창문을 닫으며 계단을 올라가고 어디를 갈지 망설이기도 하고 그러다가 스스로 선택하는 무수한 행위가 체험이 되고 경험이 된다.

문은 열면 받아들이고 닫으면 방어하는 물리적인 경계다. 창과 문은 빛과 공기도 받아들이고 때로는 막는다. 열리고 닫히는 것은 문이며 창이지만, 그것을 여닫는 것은 결국 내 몸이다. 손과 몸으로 힘을 주어 창과 문을 열 때 비로소 내부와 외부에 어떤 변화가 있는지 경험할 수 있다. 창과 문을 여는 것은 세상을 받아들이는 것이고 닫는 것은 그 안에 숨는 것을 몸으로 실천함을 의미한다. 자동문은 전동으로 작동하거나 적외선으로 감지되어 세상이 열고 닫힌다는 감각을 주지 않는다. 나의 신체로 열고 닫지 않기 때문이다.

프랑스 중남부 오베르뉴Auvergne 지방 르 퓌앙블레이Le Puy-en-Velay라는 작은 성지순례 마을에는 두 개의 원뿔형 바위산이 솟아 있다. 한쪽 높이가 85미터인 생 미셸 바위 꼭대기에 생 미셸 데기유 경당Chapelle Saint Michel d'Aiguilhe이 있다. 962년에 만들어진 이곳에 가려면 바위를 깎아 만든 계단 268개를 올라야 한다. 높다고 모두 거룩한 곳은 아니다. 제단을 쌓고 집을 지을 때 더욱 거룩한 장소가 된다. 하느님께로 '마음을 드높이기' 위하여 눈을 위로 향해야 하고 자기 몸도 올라가야 한다. 그래서 오래전부터 신앙을 가진 사람들은 높은 곳에 있는 거룩한 장소로 애써 올라갔다.

왜 이렇게 높은 곳에 경당을 짓고 많은 계단을 올라가야 하는가? 신을 섬기며 올바로 살기 위해서다. 그러나 신을 섬기지 않은 사람들도 있다. 268개나 되는 계단을 올라가기 위해 만든 공간은 자기의 삶, 자기의 의지를 투신하기 위한 것이며, 데카르트 좌표Cartesian Coordinate System 공간으로는 표현될 수 없는 구체적인 체험을 요한다. 신앙을 가진 이들을 위해, 또 그들이 체험하길 원하는 바를 상상하며 건축가는 높은 언덕 위에 경당을 지었다. 건축가가 작품이라고 부르는 집이다. 이 경당의 건축가는 이를 두고 자기 작품이라고 불렀을지 모른다. 그러나 그가 세상을 떠난 뒤에도 이 경당을 오르내리는 수많은 사람은 또 다른 의미의 경당을 짓고 있다. 건축가는 자신이 설계한 집을 작품이라 부를지언정, 모든 건물은 수많은 사람의 경험과 함께 나타나는 법이다.

살게 된 공간

건축하는 사람들은 '집은 단지 구축물이 아니라 사람이 사는 공간'이라고 말하기를 좋아한다. 맞는 말이다. 그런데 이것으로 끝나지 않는다. 건축가는 사람이 사는 공간을 구축물로 만들어주지만, 그 사람을 대신해서 살아주지는 않는다. 그런데도 건축하는 사람들은 자기가 사람이 사는 공간도 만들고 그 사람 대신 살아주기까지 한다고 착각하고 있다.

건축은 아름다워야겠으나 본래의 목적은 눈에 아름답게 보이기 위함이 아니다. 건축은 경험하며 그 안에서 살기 위한 것이다. 그런데 건축에서 신체적인 경험을 강조하는 것은 사람의 생물학적, 생리학적인 요구가 같지 않고 다름을 뜻한다. 빨리 달리기도, 공을 차는 능력도 모두 같지 않다. 운동 능력도 그렇지만 실제로 생활하는 장면도 모두 다르다. 청소하는 방법에서 식사하는 방법까지 모두 다르다. 사람들의 생활은 개인적인 경험에 근거한 신체의 작은 이야기들이다.

경험은 체험으로 작게 시작하지만 시간이 지나 누적되면서 점점 더 세련되어간다. 아이들이 하는 놀이는 몸으로 하는 놀이다. 이 놀이는 어른이 되어 창작으로 이어진다. 마치 인간이 단순한 나무토막에서 더욱 세련된 방법을 사용하는 쪽으로 진보하듯이, 동굴 놀이도 더 세련되게 공간을 둘러싸는 것으로 발전한다. 체험이 누적되어 경험으로 바뀐다.

어떤 집으로 이사를 했다고 하자. 며칠이나 몇 개월은 집이 잘 안 맞고 어색하다. 그러다가 시간이 지나면서 점점 내 몸에 가까워지고 나에게 맞는 질서가 잡히기 시작함을 느낀다. 이사한 집은 건축가가 지어준 새집으로 내가 살게 될 구축물이다. 그러나 시간이 지나며 내 몸에 가까워지는 집은 건축가가 지어준 그 집이 아니다. 내가 살면서 체험하고 경험한 또 다른 집이다.

누구에게나 똑같다고 여기는 공간이 있는가 하면, 누구에게나 똑같지 않은 공간이 있다. 건축은 실존적인 감각과 감정을 매개하고 자극한다는 다소 어렵게 들리는 말은 이런 경험을 두고 하는 말이다. 이런 공간은 영어로 'lived space'라고 하는데, 누구에게나 똑같은 공간space과 구분하기 위해 사용한다.

이를 살아 있는 공간 또는 생활공간이라고 번역하기도 하는데 정확하지 않다. 이상하게 들리기는 하나 사람이 살아가고 있는 공간이니, 공간은 사람에 의해 '살게 된lived' 공간이 된다. 살아 있는 공간은 공간이 살아 있다니 이상하고, 생활공간은 주체가 사람이 되므로 본뜻에 맞지 않다. 건축에 가장 가까운 예술은 음악이 아니라 영화다. 음악은 '살게 된 공간'이 되지 못하지만 건축이나 영화는 모두 그 바탕이 '살게 된 공간'이다.

유감스럽게도 건축가가 만든 집은 '살게 된 집lived house'과 거리가 멀다. 내가 살면서 체험하고 경험한 또 다른 집에서 우리는 무언가의 힘을 느끼고, 생명이 있고 원초적인 모습을 인지한다. 그러나 사람이 집에 대하여 느끼는 이 동적인 감정은 내가 살면서 나타난 집이지 건축가가 지어준 집이 아니다. 따라서 집에는 두 가지 집이 있다. 하나는 건축가가 만든 집a house이고, 다른 하나는 사람이 살면서 만들어지는 '살게 된 집'이다. 건축가는 살게 된 집을 결코 만들 수 없다. 살게 된 집은 사는 사람이 만드는 집이다.

건축가의 관점에서 이런 경험을 바라보면, 건축은 아직 이 세상에 없는 공간이 조성되도록 구상하는 것이다. 구상된 공간이 실제로 지어지면 그 공간의 크기와 질료로 실체가 되고, 신체가 그것을 경험할 수 있게 된다. 엄밀하게 말하면 사람이 경험하는 바는 연속적이며 어디서 끊어질 수 없다. 그런데도 언어가 경험을 분절하듯이 건축의 공간도 연속적인 경험을 분절한다. 건축가는 도면을 선으로 그린다. 그러나 건축가는 도면에 그리는 선이 있고 없음으로, 아직 존재하지 않은 그래서 앞으로 체험될 공간을 사전에 검증해야 한다.

지금 여기

예술이 아닌 이유

건축은 지금 여기에 지어지는 것이다. 우리는 숨 쉬고 산다. 호흡의 호呼는 내쉬는 숨이고 흡吸은 마시는 숨이다. 내쉴 때는 죽은 것이고 마실 때는 사는 것이어서 공기를 마시고 내쉴 때마다 삶과 죽음을 무수히 되풀이한다. 그런데 내쉬는 숨이나 마시는 숨은 모두 지금 여기에 있다. 어제 내쉬다가 내일 마시면 죽는다. 또한 살아 있는 나는 언제나 여기에 있다. 내가 지금 저기에 있거나 어제의 여기에 있으면 나는 죽은 것이다. 살아서 생활하기 위해 짓는 무수한 집은 지금, 여기를 위해 지어진다.

마찬가지로 우리가 아침에 일어나 창문을 열고 이 방 저 방의 문을 열며 계단을 오르내리는 것은 숨을 내쉬는 것만큼이나 내가 살아 있음을 확인하는 과정이다. 집이라는 공간의 안팎에서 바닥을 밟고 계단을 오르고 문을 열고 창을 여닫는 아무것도 아닌 행동이 누적되어 우리에게 경험이 되고 생활이 된다. 이것은 바로 "우리가 '사물'이 아니라 '사람'임을 확증해주는 소중한 경험이다."[7] 집 안에서 일어나는 수많은 일상의 활동은 기능이나 용도나 작용이라는 개념으로 정리되지 않는다. 그것은 지금 여기에 우리가 살고 있음을 터득하게 해준다.

그래서 아돌프 로스Adolf Loos는 건물을 가리켜 이렇게 말했다. "예술 작품은 사람을 쾌적한 상태에서 떼어놓으려고 하지만, 건축물은 쾌적함을 만들어내는 것이 임무다. 예술 작품은 혁신적이며 건물은 보수적이다. 예술 작품은 사람에게 새로운 길을 보여주고 미래를 생각하게 한다. 그러나 건물은 현재를 생각하는 것이다. 사람은 자신을 쾌적하게 해주는 것은 뭐든지 좋아한다. 그리고 자기를 그러한 상태, 안전한 상태에서 떼어놓으려고 하는 것, 방해하려고 하는 것이라면 모두 미워한다. 이렇게 보면 사람은 건물, 집을 사랑하고, 예술을 미워한다고 말해도 좋을 것이다."[8]

건축을 배우려는 사람은 아돌프 로스의 문장을 가볍게 보아서는 안 된다. 건축이란 오늘 우리가 사는 목적을 위해 지어진다. 그에 따르면 건축이 예술이 아닌 이유는 오늘과 현재를 생각하기 때문이다. 로스는 건축이 오늘을 담기 때문에 예술이 아니라고 보았다. 그래서 오늘을 살아가기 위한 집은 보수적이고 쾌적함과 편리함을 중시한다. 쾌적함과 편리함은 효율과 경제성을 중시하는 기능과 다르다. 쾌적함은 창을 바라보면 아름다운 나무가 보이고 편리함은 내가 원하는 것이 가까이 있음을 말한다. 이런 요구는 새롭지 않다. 사람이 사는 집이라면 늘 요구되었다. 따라서 집은 보수적인 측면이 많다.

"건축과 예술은 아무런 관계가 없는 것은 아닐까, 그리고 건축이 예술의 한 장르에 끼지 못하는 것은 아닐까? 사실 그대로다. 예술에 끼는 것은 극히 일부의 건축밖에 없다. 그것은 묘비와 기념비다. 목적에 종사하는 그 밖의 건축은 모두 예술의 왕국에서 내쫓겨야 한다."[9] 유명하지만 이해하기 어려운 아돌프 로스의 문장이다. 그는 건축은 예술이 아니라고 주장한다. 건축은 예술일 수 없고 예술이 될 필요가 없다. 그러나 건축이 예술이 아니라고 해서 섭섭해할 것 없다. 묘비나 기념비는 죽은 자를 위해 짓는 것이므로 쾌적함과 편리함을 요구하지 않는다. 따라서 묘비나 기념비는 예술이 될 수 있지만, 사람이 사는 집은 예술이 될 수 없다.

오늘 우리의 도시는 급속한 발전과 변화를 겪다 보니 건축물이 통일성도 없고 조화롭지 못하다. 그러나 우리의 도시를 파리에 놓인 아름다운 건물로 채우면 잘 살고 있다고 할 수 있을까? 파리에 사는 사람의 옷을 입고 다니면 우리는 아름답게 사는 것일까? 어느 도시가 아름다운 건물로 가득 차 있다고 해도 그것이 우리의 지금과 여기가 아니다. 미적이지 않고 계획되지 못했으며 즉물적이기만 한 건물로 채워져 있는 도시일지라도 그것이 지금 여기에서 생각해야 할 가능성의 건축이며 도시다. 우리의 도시는 우리에게 주어진 지금 이 도시고 건축물이다. 도시란 아름다운 것이 다가 아니다. 자라는 식물이 유동적이고 불확실하듯이 도시는 이합집산하는 것, 못생긴 것과 잘생긴 게 엉겨 붙어 역동성을 가지고 훨씬 많은 가능성을 주기 위해 존재하는 법이다. 지금 여기가 깨끗하지 않고 더럽다고 부정하는 것이 아니라, 그 더러움과 부조화 속에 어떤 가능성이 있는지 살피고 살아가는 것이 훨씬 더 중요하다.

오늘의 조건

건축가 루이스 칸Louis Kahn은 파르테논Parthenon이야말로 건축이 왜 생겨야 하는지를 가장 잘 나타낸다고 보았다. 그는 파르테논의 변하지 않는 성질을 이렇게 말했다. "파르테논을 잴 수 있겠는가? 인간의 시설을 만족하는 저 훌륭한 건물을."[10] 물론 여기서 우리는 인간이 건축물을 짓는 근본적인 동기를 깊이 읽을 수 있어야 한다. 그러나 오늘의 생활과 기술과 사회의 다른 측면을 설명하거나 해결할 수 있다고 보기에는 파르테논은 너무 먼 과거의 산물이다.

판테온Pantheon도 마찬가지다. 루이스 칸은 이렇게 말했다.

"하드리아누스Hadrianus 황제가 판테온을 생각했을 때, 누구든지 들어와 경배할 수 있는 장소를 원한 것이다. 얼마나 훌륭한 해결책인가! …… 빛은 칼이 사람을 잘라내고 있는 것 같아 그 밑에 그냥 서 있을 수가 없다. 그곳에서 떨어진 곳에 서 있고 싶어 한다. 얼마나 엄청난 건축적 해결책인가!"[11] 그러나 판테온도 하드리아누스 황제가 확장된 로마제국을 정치적으로 규합하기 위해 만든 것이지, 훗날 우리에게 건축적 교훈을 주려고 만든 것이 아니다. 판테온이 아무리 훌륭한 건축이라고 해도 그것을 지었던 사람들은 사라졌으며, 오늘 그것을 찾는 사람들은 하드리아누스 황제의 정치적 야망을 느끼기 위해 들어가지 않는다.

건축에는 어떤 시대에도 변하지 않는 원칙이 있다. 그런데도 건축물은 언제나 오늘이라는 조건 안에서 지어진다. 오늘에는 오늘의 조건이 있다. 그만큼 건축에 요구하는 조건은 지금, 오늘, 현재 나아가 현대 안에 있다. 역사적인 건물, 오래된 건물도 오늘 지어지는 새 건물처럼 그 시대의 조건에 따라 지어졌다. 판테온에는 현재와는 연결되지 않는 무언가가 있다. 판테온의 건축가는 '누구든지 들어와 경배할 수 있는' 그 시대의 생활, 종교, 도시를 위해 지은 것이다. 그렇다면 마찬가지로 오늘날 건축가는 '누구든지 들어와 자유로이 머물다 가는' 우리 시대의 생활과 도시를 위해 필요한 새로운 건축을 지을 수 있어야 한다.

건축은 그 시대의 현실과 생활상, 건물을 만드는 기술 및 산업과 깊은 관계를 맺을 수밖에 없다. 건축은 그 시대의 '어떤' 형태적, 공간적 언어를 사용하므로 그 시대만이 이해하고 만들어내는 방식이 있다. 따라서 우리가 사는 오늘 이 시대라는 동시대에 대한 인식이 중요하다. 판테온은 아니지만, 르 코르뷔지에의 라 로슈잔네레 주택Villas la Roche-Jeanneret은 오늘에도 있을 것 같은 주택이다. 그러나 코르뷔지에의 주택보다 로스의 주택이 우리에게 멀게 느껴지고, 코르뷔지에의 주택이 오늘날 지어진 자크 헤르초크Jacques Herzog의 주택보다 멀리 느껴진다. 최신의 건물이 더 훌륭하다는 뜻이 아니다. 오늘에 가까운 건물은 오늘날 우리의 문제를 더 가까이 안고 있기 때문이다.

국력이 신장하면서 로마제국의 시민들은 쾌적한 생활을 할수 있게 되었다. 로마인들은 오후에 공중목욕탕에 가서 몸을 닦고 사교 장소로 이용했다. 가장 번성할 때는 무려 열한 개의 제국 목욕탕과 926개의 공중목욕탕을 만들었다. 로마 카라칼라 Caracalla 황제와 디오클레티아누스Diocletianus 황제는 수천 명이 한번에 목욕할 수 있는 공중목욕탕을 만들었다. 그 안에 도서실, 체력 단련실, 상점, 휴게실을 두었고 심지어는 미술관 역할도 하는 다목적 홀이 있었다.

오늘날 우리는 '찜질방'을 만들었다. '오늘'이라는 시대에 맞는 감성과 판단에 따른 것이다. 1990년대 중반 무렵 생긴 우리나라의 찜질방은 '대중목욕 문화'와 '방房 문화'가 결합된 한국만의 독특한 공간이며,[12] 오늘 우리가 사는 공간의 모습이 들어 있다. 찜질방 안에서는 모두 똑같은 옷과 베개를 사용하고, 전혀 모르는 사람과 공간을 함께 사용한다. 그리고 안에 있는 동안은 일종의 공동체 의식을 갖는다. 그러나 이는 도시에 살면서 공간을 소비하며 생긴 변화된 공동체의 단면이지 종래의 지역공동체의 모습은 아니다. 찜질방은 다양한 용도가 종합 선물 세트처럼 하나로 종합되어 있는 일종의 커뮤니티 센터다. 이 건물의 건축가는 이시설이 명작이라고 여기지 않으며, 따라서 자신이 설계했다고 내보이지 않는다. 그런데도 찜질방에는 우리가 사는 도시와 건축이라는 현실의 공간적 관계가 잘 표출되어 있다.

그런데 시대가 바뀌었어도 도시의 수많은 건물은 여전히 간단히 기능적으로 경제적으로 정리된 모습으로 지어지고 있다. 아파트는 거실-식당-부엌-방이라는 단순 조합으로 결정되고, 임대 복합 용도의 사무소 건물은 최대의 바닥 면적과 최소의 통로 면적 그리고 적정한 주차 대수라는 세 가지 변수로 결정된다. 이런 건물의 사용 방식은 주어진 문제를 있는 그대로 해결한 것이 아니다. 건물을 사용하는 방식은 오늘을 사는 우리의 생활 방식과 가치관, 그리고 사고방식과 깊은 관계를 맺는다. 그런데도 여전히 근대의 사고방식으로 건축을 생각하고 짓고 사용하고 있다.

자연과 생태계를 존중해야 한다는 말을 많이 듣는다. 그러나 인간이 만든 건축을 존중하자는 태도는 아주 약하다. 건축은 다음 세대로 넘겨줘야 할 제2의 환경이며, 그 안에 내재된 역사와 기억은 존중되어야 한다. 이렇게 생각해보자. 지금 우리 아이들의 어릴 때 기억이 개발이라는 이름으로 침식된 환경, 압도적인 콘크리트 벽으로 둘러싸인 무기력한 장소와 차의 소음뿐이라면, 우리는 다음 세대에게 무엇을 이어받으라고 자신 있게 말할 수 있을 것인가? 이렇게 되지 않으려면 시대와 지역마다 제각기 걸맞은 형태와 질감을 집합하여 건축과 도시를 만들 수 있어야 한다. 그리고 오늘의 건축가는 현대사회가 요구하는 독특한 공간이 어떤 것인지, 지역으로 연속하는 공간을 어떻게 만들어야 하는지 답해야 한다. 오늘에는 오늘의 조건이 있다.

지속적 가치

느리고 쉽게 변하지 않는 일

사람의 모습은 변한다. 시간이 흐르면서 아이는 청년이 되고 장년이 되었다가 어느덧 노년에 이른다. 그러는 사이에 아는 것도 많아지고 하는 일이 달라진다. 그러나 그가 세상에 단 하나밖에 없는 유일한 존재라는 사실에는 변함이 없다. 아는 것이 많아지고 하는 일이 변했어도 그 사람은 예나 지금이나 변하지 않는 그 사람이다. 변하는 모습이 현상이라면, 변하지 않는 것이 본질로서 그 사람 안에 자리 잡고 있다. 그리고 그 사람은 시간에 따라 얻은 경험 위에 이 세상에 단 하나뿐인 지속하고 있는 자신으로 살아가고 있음을 알게 된다.

숨을 내쉬고 마시기를 무한히 반복하며 살지만 매일매일 똑같은 일을 하는 것은 아니다. 그럼에도 나는 바뀌지 않은 채 똑같이 있다. 그런데 아침에 일어나 주변을 둘러보니 어제 여기 있던

것이 사라져버렸다든지, 어제 창문으로 보이던 건물이 없어져버
렸다든지 하면 큰일이다. 앨범을 보고 있는 지금의 나는 사진에
없고, 있는 것은 과거에 찍어둔 사진뿐이다. 사진을 보면 내 얼굴
은 조금씩 달라지고 있지, 어느 날 완전히 달라져 있지는 않다.

건축은 첨단의 기술을 구사할 때도 많지만 첨단의 기술을
요구하지 않는 경우도 많다. 건축은 느리고 그다지 변하지 않는다.
건축은 전자 기기나 기계 설비와 비교할 때 진화하는 속도가 아
주 느리다는 본성이 있다. 그러나 건축은 기술 그 자체를 내장하
기 위하여 만들어지는 것이 아니다. 새로운 삶의 양식을 추구하
지만 변하지 않는 사람의 생활을 담고 생활의 근원적인 무언가를
찾는다. 건축은 도구처럼 쉽게 바뀔 수도 없으며, 그릇처럼 쉽게
변하지 않아야 한다.

돌을 자르는 일도 벽돌을 쌓는 일도 수천 년 전부터 해왔고
평평한 바닥에서 지내고 생활하는 것은 인간이 이 땅에 살면서부
터 줄곧 필수적이었다. 건축이란 새로운 조형과 새로운 생각을 늘
요구하지만, 그것은 과거의 먼 곳에서부터 한 10년 전 사이에 있
는 변하지 않는 부분에 속해 있다. 그리고 이런 변하지 않는 부분
에 늘 새로운 일을 덧붙인다. 도시계획가 제인 제이컵스Jane Jacobs
가 "도시란 항상 오래된 일에 새로운 일을 덧붙임으로써 스스로
발전하는 마을"13이라 말한 것도 건축의 이러한 속성 때문이다.

건축은 새로움만을 향해 앞으로만 나가지 않으며, 뒤를 돌
아보고 뒤를 향해 앉고자 한다. '저기에 학교가 있었는데, 거기 아
주머니가 어땠는데……'라는 기억은 실제로 공간, 장소, 나무나 사
물 속에 누적된다. 사람의 눈은 늘 많이 보던 사람이나 늘 대하던
사물을 보면서 이야기하고 살게 되어 있다. 이 공간, 장소, 나무,
사물 속에 누적된 모든 것을 합하면 다름 아닌 집이다. 그러므로
건축은 사람을 안정시키고 집을 통하여 생각하게 하고 변하지 않
는 지속적인 가치에 깊이를 더한다. 건축을 하며 집을 알고 생활
할 줄 아는 것이 문자 그대로 인간에게 진정 행복한 일이다.

오래된 미래를 만드는 일

우리는 언어로 말하고 표현한다. 그러나 그 언어는 이미 경험된 과거의 것이다. 과거에 정해진 언어로 현재의 무엇을 새롭게 구성하여 말하고 있을 뿐이다. 건축도 이와 똑같다. 건축을 의뢰한 이의 생각과 대지의 잠재력을 합하여, 기술과 경제적 조건에 비추어 미래에 지어질 것을 짜고 세우는 것이 설계라는 행위다. 그래서 건축을 만들겠다는 생각과 건축을 만드는 수많은 생각은 이미 지금 이전, 곧 가까운 과거에서 먼 과거에 속한 경험적 지식 위에 성립하곤 한다.

시간이 지남에 따라 건축에 대한 생각이 변해도 건축의 배후에는 늘 숨은 '본질'이 있다. 본질이라는 말이 어렵게 들린다면, 변함없이 지속하는 가치라고 해도 좋다. 땅 위에 지어지는 건축의 가치로는 부동산적인 가치가 있다. 땅값과 집값은 변하며, 언제나 간직되는 가치는 아니다. 그러나 집에는 짓고 살아가는 방식으로 본 지속적인 가치가 있다. 이 가치는 사람에게 건축은 어떤 것인가 물을 때 나오는 가치다. 가족의 행복이 집 안에 담기고, 가족이나 공동체의 행복과 가치가 건축으로 환산된다. 건축물이 새롭게 보인다면 변함없이 지속하는 가치가 이런저런 모습으로 새롭게 나타난다. 변하지 않는다고 고정된 것이 아니다. 우리가 오래전부터 경험해온 것이기에 변하지 않는다고 말할 뿐이다.

창을 통해 들어오는 빛을 나무 덧문이 가로막고 있는 사진을 보자.* 이 사진은 프랑스 중부 시토Cîteaux 수도회 본원 안에 있는 어떤 강의실에서 찍은 것이다. 덧문이 약간 열려 있어서 빛은 틈으로 강하게 집중한다. 덧문 사이로도 빛이 선명하게 새어 나온다. 이 빛은 매우 강하여 마치 강한 영기靈氣를 느끼게 한다. 덧문 사이의 빛줄기는 마치 레이저광선과 같고, 창대에 비추는 빛은 빛을 타고 온 영이 내부로 잠입하는 듯한 느낌을 준다. 이 빛은 사진을 찍으려고 일부러 덧문을 알맞게 열어놓은 것이 아니다. 그저 자연스레 열린 덧문 사이로 빛이 새어 들어왔을 뿐이다.

창과 빛과 덧문이 만들어내는 빛의 모습은 얼마든지 일상생활에서 발견되고 경험하는 빛이다. 그럼에도 이 빛의 경험은 매우 종교적이다. 일상에서 경험한 변화하는 빛과 창문은 무언가의 본질로도 인식된다. 오히려 일상의 우연한 경험 안에서 지각되기에 발현하는 본질이 더 쉽게 파악될 수도 있었을 것이다.

건물은 완전히 새로운 곳에 지어질 수 없다. 이전부터 늘 있던 땅에 놓이는 것만으로도 건축은 지속하는 가치 속에 놓인다. 건물과 그것이 놓이는 자리가 과거와 현재라는 시간을 직접 표현해준다. 장 누벨Jean Nouvel이 설계한 무르텐 스위스 엑스포Murten Swiss Expo 2002 건물*은 호숫가에서 몇백 미터 떨어진 물에 자리한다. 당시 엑스포의 주제는 '순간과 영원Instant and Eternity'이었는데, 물은 '순간'을, 정사면체를 내후성 강판으로 만든 3층 높이의 건물 모노리스Monolith는 '영원'을 나타낼 수 있었다.

셔틀 페리를 타고 건물에 들어서는 방문자는 이 도시의 오늘을 보여주는 영상을 보고 2층으로 올라가 외벽에 뚫린 수천 개의 작은 구멍으로 무르텐과 호수의 파노라마를 본다. 수많은 구멍의 그물 효과는 실제 이미지를 흐릿하게 만들지만, 실제 풍경을 가까이 느끼게 된다. 그리고 가장 위층에는 15세기 무르텐 전투를 기념한 19세기의 파노라마 회화가 전시되어 있다. 건물은 외벽의 구멍을 통해 역사 도시의 시간을 흐릿한 이미지로 보이게 해 과거와 현재의 시간이 교차하게 했다. 또한 건물만이 아니라 안에 전시된 작품으로 도시의 지속적 가치를 시간으로 읽게 했다.

이 건물이 들어서 있는 동안은 물이 사람들에게 새로운 환경으로 다가왔다. 건물이 없었을 때 이 호수의 물은 순간을 나타내지 못했으나, 묵묵한 건축이 들어서자 호수의 물은 순간을 뜻하게 되었다. 호수에 놓인 건물은 지나가버리는 시간을 표현한 것이며, '순간과 영원'이라는 주제에 맞추어 역사 도시는 무르텐과 호수의 풍경 전체에 공명했다.

육중하고 신비롭게 보이는 건물은 현재와 역사적인 순간을 보여주고, 자연의 대지와 기존의 구조물이 과연 어떤 것인지 멀리서 다시 읽게 해줬다. 모노리스라는 이름은 거대한 돌 하나로 이루어졌다는 의미다. 녹이 슨 재료로 이 건물을 마감한 것은 도시의 시간이 과거에 붙잡히며 지나갔음을 상징한다. 그러나 호수와 건물이 나타내는 시간은 이미 도시가 경험한 시간이며, 멀리서 그리고 그 안에서 사람이 움직이며 경험하는 시간이다. 건축에 변하지 않는 경험적 본질이 있다면 이런 것을 두고 하는 말이다.

'오래된 미래'라는 말이 있다. 오래전부터 있던 생각과 바라는 바가 오늘 우리가 사는 장소나 공동체에 남아 있지만, 이는 오늘로 끝나지 않고 미래로 이어짐을 뜻한다. 그래서 건축은 '오래된 미래를 만드는 일'이고, '오래된 미래를 짓는 일'이다.

영국의 시인이자 평론가인 엘리엇T.S. Eliot은 "생활 속에서 잃어버린 삶은 어디에 있는가? 지식 속에서 잃어버린 지혜는 어디에 있는가? 정보 속에서 잃어버린 지식은 어디에 있는가?"라고 질문한다. 이 질문에 대한 답은 건축에 있다. 생활 속에서 잃어버린 삶은 건축에 있고, 지식 속에서 잃어버린 지혜도 건축에 있으며, 정보 속에서 잃어버린 지식도 건축에 있다. 건축은 생활과 그것을 넘어선 삶을 형성하고, 지식의 축적과 그것을 넘어선 지혜를 체득하게 하며, 정보의 숲과 그것을 넘어선 진정한 지식을 알게 만든다. 건축은 생활과 '삶'과 '앎'과 '지혜'를 생각함으로써 만들어지고, 사람은 건축을 통하여 '삶'과 '앎'과 '지혜'를 생각할 수 있다. 좋은 건축이란 '삶'과 '앎'과 '지혜'를 넓혀주는 건축이다. 건축은 물질로 지어진 구축물로만 남아 있지 않는다.

훌륭한 건축은 모두 소중한 사고의 결과물이다. 건축의 지속적 가치라기보다는 건축을 통해서 지속적인 가치를 생각하는 방식의 결과물이다. 핀란드 건축가 유하니 팔라스마Juhani Pallasmaa는 "건축은 구축하는 구체적인 물질의 행위를 통하여 세계와 인간 존재에 대해 진지하게 생각하는 방식이다."[14]라고 했다. 공연히 건축을 철학적으로 해석하기 위한 것이라고 가볍게 보지 않기를 바란다. 영화나 조각이 영화적인 사고나 조각적인 사고로 세상을 생각하듯, 건축은 생활, 공간, 구조, 마을, 중력, 빛을 통하여 사고한다. 건축은 인간의 마음을 기술로 번역해주는 행위다.

루이스 칸은 "과거에 있었던 것도 늘 있었고, 지금 있는 것도 늘 있었으며, 앞으로 있을 것도 늘 있었다."는 명언을 남겼다. 오늘의 조건은 오늘에만 있지만, 오늘을 거쳐 계속 이어지고 있다는 의미다. 건축은 언제나 시간의 연속 안에서 존재한다. 건축의 기본적인 존재 형식은 연속하는 것, 계속되는 것이다. 지금의 건축은 이전에 전혀 없던 것이 아니다. 오히려 이미 존재하고 있는 건축의 힘을 받아 생겨난다. 따라서 다른 예술이나 학문 분야와는 달리 건축에서 무엇이 변하지 않고 무엇이 변하는가를 찾는 것은 특히 오늘날 물어야 할 과제다.

사이와 그릇

건축은 사이에 있다

"나무는 보고 숲은 보지 못한다."라는 말이 있다. 흔히 더 큰 전체를 파악하지 못하고 부분만 보는 배움의 자세를 경계하는 말이다. 그러나 이는 나무를 보지 말고 숲을 보라는 뜻이 아니라, 나무와 함께 숲을 보라는 것이다. 나무와 숲은 서로 나눌 수 없는 연관 관계에 있다. 물에 열을 가해서 끓이면 물은 수증기가 되어 위로 올라간다. 수증기는 공중에서 냉각되어 작은 물방울이 되어 모인다. 이렇게 모인 것이 구름이다. 구름은 다시 눈이나 비가 되어 땅으로 떨어진다. 아주 작은 물방울은 구름과 관계가 있고, 구름은 다시 냉각되어 떨어지는 물방울과 연속적인 관계가 있다.

일본 속담에 "바람이 불면 통장수가 돈을 번다."라는 말이 있다고 한다. 이야기의 성립 과정을 보자. "바람이 분다 → 모래가 날린다 → 모래가 사람의 눈에 들어간다 → 장님이 많아진다 → 장님이 샤미센三味線, 고양이 가죽으로 만든 일본의 악기을 연주해서 돈을 벌어 생활한다 → 샤미센에 쓰이는 고양이 가죽이 많이 필요해진다 → 고양이 수가 줄어든다 → 쥐가 늘어난다 → 쥐가 통을 갉아먹는다 → 통 주문이 늘어난다 → 통장수가 돈을 번다"[15] 물론 논리적으로 이 속담은 틀리다. 바람이 불면 모래가 날리는 것은 사실이지만, 그렇다고 그 모래가 반드시 사람의 눈에만 들어가고, 또 눈에 모래가 들어갔다고 해서 장님이 많아지는 것은 아니다. 그러나 이 속담은 하나의 사실이 다른 것과 연속적인 관계를 맺어, 나중에는 전혀 예상하지 않은 것까지 연관성을 가지게 된다는 사실을 재미있게 알려준다.

음표가 악보에 그려져 있어도 음표와 음표 그리고 그 사이의 경과가 음악을 만든다. 건축물 설계도 마찬가지다. 기둥이나 벽과 지붕 등 물리적인 재료로만 건물을 만드는 것이 아니다. 건물과 사람 사이, 건물과 건물 사이, 건물과 주변이 도시 사이, 건물과 그것을 둘러싼 수많은 사이의 관계를 만드는 것이다.

사람들의 생활도 마찬가지다. 사람이 공간 안에서 일하고, 먹고, 쉬고, 공부하는 모든 행동은 낱개로 나뉠 수 있는 것이 아니다. 생활 속 모든 행동은 무언가 연관을 맺고 있다. 그래서 사람의 행동은 그 자체가 모호하고 철저하게 한 가지로 이해될 수 없다. 일상의 사건도 이어진다. 아침에 일어나 식사를 하고 집을 나서 지하철을 타고 다시 걸어간다. 생활은 결코 기능으로 나뉘지 않는다. 건축에서도 마찬가지다.

스마트폰을 사용하며 화면 위에서 도시 사진을 쉽게 바라볼 수 있게 되었다. 간단한 손동작으로 원하는 사진을 더 자세하고 더 넓게 볼 수 있다. 종이 지도는 크기가 고정되어 있는데 온라인 지도는 건물에서 도시로, 도시에서 지역으로 가는 스케일이 끊기지 않는다. '사이'가 무시되거나 삭제되지 않고 그 '사이'를 연속해서 보여준다. 이런 지도가 만일 방 안까지 보여준다면 방에서 집으로, 집에서 도시로 공간이 계속 이어지게 된다.

환경은 '사이'다. 따라서 환경을 잘 보존하자는 말은 사이를 잘 보존하자, 끊겼던 사이를 다시 회복하자는 말과 같다. 몸과 옷 사이나 방과 방 사이, 방과 집 사이를 생각하면 우리의 몸은 '사이'라는 공간을 몇 겹씩 끼어 입고 있다. 추우면 옷을 입는 것은 몸과 바깥 환경 사이에 또 다른 사이를 두는 것이다. 집 안에 있으면 옷을 벗어두지만 외출할 때 옷을 입고 나서는 것도 '사이'를 없앴다가 '사이'를 만드는 것이다.

주택 싱크대에서 버린 물은 주택이 지어진 대지의 경계를 넘어 단지로 흐른다. 그리고 도시를 거쳐 강으로 바다로 흘러간다. 물은 아무런 경계도 없이 연속적으로 흘러 싱크대에서 바다로 흘러간다. 그런데도 사람들은 싱크대에서 버린 물, 주택에서 버린 물, 단지에서 버린 물처럼 물이 인위적인 경계를 지날 때마다 이름을 달리 부른다. 그러나 물 그 자체와는 무관한 일이다.

이런 생각을 명료하게 들려준 이가 있었다. "우리는 우리의 땅을 사겠다는 당신들의 제안에 대해 심사숙고할 것이다. 하지만 나의 부족은 물을 것이다. ...... 우리가 어떻게 공기를 사고팔 수 있단 말인가. 대지의 따뜻함을 어떻게 사고판단 말인가. 부드러운 공기와 재잘거리는 시냇물을 우리가 어떻게 소유할 수 있으며, 또한 소유하지도 않은 것을 어떻게 사고팔 수 있는가. ...... 우리는 대지의 일부분이며, 대지는 우리의 일부분이다."[16]

미국 대통령 프랭클린 피어스Franklin Pierce가 이들의 땅을 사고 싶다고 한 제의에 대해서 시애틀 추장이 한 말이다. 시대와 문맥이 다르지만 자연, 환경, 사람, 사는 곳은 자르고 나누고 소유하고 사고파는 것이 아니라는 뜻이다. 어떤 깨달음이 오는가?

지혜로운 건축은 언제나 환경을 연속하여 생각해왔다. 스페인 북부 갈리시아Galicia 지방에 있는 아 코루냐A Coruña는 스페인에서 가장 다습하며 녹지가 풍부한 지역이기도 하다. 이 도시는 오래전부터 해운 항로의 요충지이자 항구도시였다. 라 마리나 길Avenida de la Marina*은 항구를 따라 길게 뻗어 있는 아 코루냐를 상징한다. 이 길을 따라 5, 6층의 건물 파사드가 유리와 흰색의 창틀로 통일되어 있다. 왜일까? 이 파사드는 건물 구조체 바깥에 설치한 유리 피막이다. 직접 바닷바람을 받는지라 목재 창틀은 상하기 쉬워서 18세기 말부터 온난 다습한 외기에 맞추어 여름에는 통풍을 좋게 하고 겨울에는 햇빛을 받아들이려고 이런 유리 파사드를 만들었다. 요사이 이중 외피라는 개념을 많이 말하지만 이것도 훌륭한 이중 외피다. 이렇게 만들어진 벽면 전체는 거대한 반사판이 되어 항구를 밝게 비추는 효과도 있다.

그러나 일률적이지는 않다. 유리창과 창틀로만 된 어떤 건물의 파사드는 근대적으로, 어떤 건물은 르네상스적으로도 보인다. 이 건물들은 유리를 많이 사용하는 오늘날 건축에 대하여도 신선한 감동을 주기에 충분하다. 지역의 기후에 직접 대응하는 방식이 유효함을 알고 모든 이웃집이 합리적인 목적을 넘어 도시의 정체성을 보여주는 얼굴을 만드는 데 동참했기 때문이다. 건물로 시작하여 환경을 연속하게 만드는 작업이란 어떤 것인지를 여러 번 생각하게 해주는 풍경이다.

환경은 인위적인 경계로 구분되지 않는다. 여기에서 주택까지, 주택에서 단지까지, 단지에서 도로까지 하는 식으로 구획되는 것이 아니다. '환경'이라는 관점에서는 주택과 대지 경계선, 단지와 도로, 도시와 지역이라는 구분선은 없다. 우리가 사는 도시에서는 도시와 건축과 토목의 구조물이 하나의 연결된 환경으로 파악되고 총체적으로 체험된다. 여기에서 저기까지가 건축이고, 저기에서 여기까지가 도시라고 구별되는 경우는 결코 없다. 좋은 건축 설계는 이웃하는 집과 대지의 모습, 도로의 위치와 폭, 대지에 심은 나무의 종류나 위치 등을 조정하며 대지를 넘어 주변의 다른 요인들을 향해 촉수를 내미는 데서 나온다. 환경은 연속한다.

그런데 지금 우리는 건축을 어떻게 하고 있는가? 비슷한 크기로 나눈 땅에 도로를 기준으로 비슷한 규모의 건물을 짓는다. 땅도 건물도 제도에 따라 분명하게 구분하도록 정해져 있다. 우리 도시는 끝없이 구분되고 분절되어 있으며, 건축법은 처음부터 마지막까지 대지 하나에 건물 하나라는 원칙을 고수하고 있다. 이것은 건축과 도시의 '사이'를 설계하는 것이 아니다. 무수하게 구분된 도시와 건축의 '사이'를 설계하지 않고 놓아둔다면 우리에게 도시의 특징적인 생활양식 또는 도시성이라는 어버니즘urbanism은 존재하지 않게 된다.

건축은 그릇이다

환경을 도시나 환경공학의 전문 용어라고 생각해서는 안 된다. '환경'은 말하는 사람이나 입장에 따라 다 다르다. 사는 사람을 중심에 두면 방, 조명이나 가구 등 생활공간을 구성하는 환경을 먼저 떠올린다. 여기에 열이나 빛, 외기와 같은 외부의 '자연환경'도 있으며, 사회의 역사적 배경, 관습, 가치 체계, 제도 등에 따른 '사회환경'도 있다. 또한 지구에서 작동하는 모든 자연물이나 자연현상에 따른 '지구환경'도 있다.

환경이라고 하면 당연히 자연환경을 뜻한다. 그러나 자연과 자연환경은 다르다. 자연은 인간이 없어도 존재하는 산이나 강, 식물과 동물 그리고 땅과 공기 등이다. 사람이 없어도 자연은 물리적으로 존재한다. 이런 자연에 인간의 행위가 개입할 때 비로소 자연환경이 된다. 곧 인간과 자연 사이에서 생명의 관계가 이루어질 때 자연은 자연환경이 된다. 자연自然이나 자기自己라는 말은 모두 '스스로 자自'를 가지고 있다. 자연도 고유한 자발성이 있고, 인간인 나도 고유한 자발성이 있다는 뜻이다. 자연환경이란 자연과 사람 사이의 관계인데, 환경이란 자연과 사람의 서로 다른 자발성에서 비롯한다.

풍토風土도 자연이다. 그러나 자연과학에서 말하는 대상화된 자연이 아니다. 풍토는 한 사람 한 사람, 또는 한 인간의 집단이 자신과 자연 사이에서 만나는 자연을 말한다. 겨울 추위를 느끼는 것은 자신이 추위 안에 들어가 추위와 나 사이에서 나누는 관계이듯이, 사람이 밖으로 나가 비로소 만나게 되는 자연을 풍토라고 한다. 이러한 개념의 풍토라는 말은 프랑스어 'milieu'인데, '사이'를 뜻한다. 환경이란 이런 의미가 있다.

사람은 신체를 가지고 있고, 이 신체를 통해서 물리적인 환경을 살아간다. 이 물리적인 환경은 다름이 아니라 건축이며 도시다. 건축과 도시는 단순한 물리적인 환경이 아니다. 그것은 인간의 신체에 대한 물리적인 환경이다. 건축은 사람을 외계外界에서 끊어내어 사람을 감싸며 인위적으로 만드는 인공 환경이다. 환경과 건축이 과연 무엇인가 생각할 때 가장 중요한 것은 먼 곳이 아닌 아주 가까운 곳, 나의 신체를 감싸며, 신체로부터 시작함을 이해하는 일이다.

환경은 영어로 'environment'인데, 'environ'이란 감싸는 것을 말한다. 환경은 '신체를 감싸는 주변'이라는 말이다. 흔히 환경이라고 하면 건축물보다 훨씬 넓고 큰 것을 가리킨다고 생각하지만 잘못 이해한 것이다. 환경은 사람의 신체를 포함한 아주 작은 주변에서 시작한다. '신체를 감싸는 주변'의 시작은 옷이다. 그다음은 건축이다. 이러한 작은 환경이 무수히 집적된 것이 도시다. 따라서 제대로 된 건축물 없이 도시는 만들어지지 않는다. 이처럼 건축은 사람의 신체를 둘러싸는 가장 중요한 환경을 창조하며, 옷과 도시 '사이'를 이어준다.

'친환경'이라는 말의 본뜻은 에너지 절감 또는 옥상 녹화가 아니다. 나의 신체와 가까운 것에서 시작하는 환경이라는 뜻이다. 방과 방 사이, 건물 내부와 외부 사이, 건물과 건물 사이, 건물과 주변 사이를 구분하지 말고 이들의 관계가 연속하여 환경이 만들어진다. 환경은 내가 어찌할 수 있는 것이 아니다. 환경은 통제할 수 없는 타자이며, 나와 대면하는 사이에 존재하는 타자다. 오늘날 환경의 중요성을 말하는 까닭은 환경은 끊임없이 무엇과 무엇 '사이'가 계속 이어져 있음을 깊이 인식하라는 뜻이다. 환경이라는 '사이'에서 늘 나타나 있는 타자를 건축은 계속 살펴보아야 한다.

건축은 도구와 달리 많은 목적에 사용된다. 미국의 유명한 문명비평가 루이스 멈퍼드Lewis Mumford는 우리들의 물적인 환경은 크게 도구와 그릇으로 나뉜다고 했다. "도구의 세계는 하나의 목적을 위한 것이고, 그 기능이 사라지거나 더 효율이 좋은 것이 생기면 그것을 갈아치운다."[17] 기계는 망가지거나 새로운 기계로 대체된다. 그러나 환경은 도구가 아니므로 공기나 물, 토양이나 식물과 같은 자연계는 한번 오염되면 도구처럼 쉽게 바꿀 수 없다. 자연만이 아니라 건축이나 도시도 마찬가지로 도구가 아니므로 다른 것으로 바꿀 수 없다. 한번 지어져서 오랜 시간 지속해온 도시가 효율이 더 좋은 다른 도시로 바뀔 수 없듯이, 한번 지어진 건축은 쉽게 다른 건축으로 바꿀 수 없다.

그러나 그릇은 한 가지 목적을 위한 것이 아니다. 그릇은 담을 수도 있고 비울 수도 있고 그릇 안에 담길 수도 있고 담기는 것이 그릇 밖으로 나올 수도 있다. 그릇은 목적 달성이 아니라 포용을 위한 것이다. 그릇은 비어 있기 때문에, 바꾸어 말해 '사이'가 벌어져 있어서 무언가 쓸모 있게 된다. 그릇의 '사이'는 아무런 역할을 하지 않는 듯하지만 아주 중요한 것을 담는다. 항아리는 '그릇'의 세계를 대표하며, 그 형태는 오래전부터 그다지 변하지 않았고, 또 앞으로도 크게 변하지 않을 것이다. 이것이 그릇의 매력이자 소중함이다. 마을도 집도 '그릇'의 세계를 대표한다. 집의 평면을 그리는 것은 집이라는 그릇의 빈 부분을 결정하는 일이다.

건축이 그릇이라면 그 안에 담기는 것은 공간이고, 그 공간은 다시 무언가의 내용으로 규정된다. 주택이 그릇이라면 주택 자체보다도 그 내용인 생활 방식이 더 소중하다. 그런데 그 내용은 언제나 생활하는 사람과 관계를 맺고 있다. 다만 건축이 그릇이라고 할 때 루이스 멈퍼드가 말한 본뜻과는 전혀 다르게 생활하는 사람은 반대로 그릇에 구속받는 생활만 할 수 있다.

넓은 가능성

몸 주변의 모든 것

건축은 어떤 것인가? 또 건축을 어떻게 정의해야 하는가? 어떤 것이 건축인가? 물론 건축이 몇 마디 말로 정의된다고 한들 건축의 모든 활동을 나타내지 못한다. 그렇지만 건축하는 사람마다 그 정의가 다르다. 또 어떻게 정의한다고 해서 모두 그 정의를 따라 건축을 하는 것도 아니다. 그런데도 건축을 정의하려고 한다.

건축은 기능을 가지고 구조로 지탱된다는 점에서 기계와 같다. 그런데 건축은 사람을 그 안과 밖에 살게 해주고 주변에 환경을 형성한다. 그러나 기계는 이렇게 못한다. 기계는 어디에서나 똑같이 작동하는 목적으로 대량생산되지만, 건축은 바로 그 자리에서만 지어지는 개별적인 것이며 주문으로 생산되는 단 한 번의 물체다. 아파트를 예로 들며 똑같은 평면을 반복하지 않는가 반문하겠으나, 그런 아파트도 각 집이 놓이는 방위가 다르고 창에서 내다보이는 풍경도 다르며 위아래의 조건도 다르다. 게다가 사는 사람도 달라 생활의 풍경이 다르니, 아무리 같은 평면을 반복한다 해도 근본적으로는 일회적이다.

건축은 구조물로 지어지는 것이고, 사람이 살아가면서 필요한 기능을 수행하는 즉물적인 측면도 있지만, 사람은 그 안에서 욕망을 가지고 무언가를 표현하며 살고 있다. 건축이 기계처럼 구조와 재료와 기능을 중시한다 해도, 건축은 사람들의 사회적 요구를 조정하기 위해서 만들어진다. 기계는 사회적 존재가 될 수 없다. 그러나 건축은 사회적인 존재다. 따라서 건축은 인간에 대하여, 공동체에 대하여, 환경에 대하여, 사회에 대하여 가능성을 열어 보이는 존재다.

건축은 다음 두 가지를 할 수 있다. 건축은 점점 변화하는 상황을 물리적으로 지지해준다. 동네에 어른들을 모셔야 하는데 자리가 없으면 경로당을 지어 변화에 대응한다. 가르칠 것도 많고 공부할 학생도 많은데 자리가 부족하면 필요한 면적을 예상하여 강의동을 짓는다. 이것이 건축물을 짓는 첫 번째 이유다. 이를 위해서 건축은 잘 지을 만한 기술을 가지고 있어야 하며, 노인복지나 교육과 관련된 법규 등을 통해 사회적인 제도에 관계한다.

또한 건축은 일상생활을 받쳐주기 위해 지어진다. 1년에 한 번 쓰려고 경로당을 짓지 않으며, 교수나 학생이 가르치고 배울 마음이 날 때 어쩌다가 사용하려고 강의실을 짓지 않는다. 건축이라는 이름으로 지어진 모든 건물은 매일 사용하려고 지어진다. 심지어 발전소는 누구나 드나들 수 있는 곳이 아니지만, 일상생활을 위해 계속 가동된다.

모든 이의 일상생활을 지탱하려고 지어지는 건축물은 사람의 마음과 관계한다. 어떤 공간을 만들어야 좋을까, 어떤 형태로 만들어야 좋을까의 문제도 이와 이어진다. 사람의 마음과 관계하는 공간이나 형태가 기술이나 제도와 무관한 듯이 보이지만 그렇지 않다. 공간이나 형태는 기술과 제도를 바꾸기도 한다. 건축은 문화, 철학, 심리학, 역사, 지역, 장소 등과 관련된다.

건축과 건물이 역사와 관계한다고 하니 거창하게 들릴 것이다. 그러나 건축이 없는 곳에는 역사가 사라지고 역사는 건축을 통해 미래에 전해진다. 이것을 이해할 수 있는 증거는 아주 가까이 있다. 정읍 땅을 다룬 한 일간지의 여행 문화 기사 내용을 보자. "폐허가 된 쌀 창고 속에서 역사를 읽었다."[18] 정읍 땅 고갯길 백암마을 남근석은 마을의 흉사를 막기 위해 세워졌고, 그 고갯길의 마을 입구는 '걸치기 마을'로 남아 있다. 동학농민운동을 거쳐 나라가 망하자 오사카 출신 고리대금업자 구마모토 리헤이熊本利平가 들어와 개인의 왕국을 이루었다. 그것이 화호리 구마모토 농장 관사로 남아 있다. 농장 둘레에는 돌담을 쌓고 그 위에 탱자나무를 심었는데, 해방 후 창고 한 채는 병원으로 쓰이고 훗날 화호여고 교실로도 쓰였다.

기사를 쓴 박종인 기자는 정읍에 가면 구마모토 농장, 만석보萬石湺 유적, 황토현黃土峴 전적지, 백암리 남근석, 피향정披香亭을 비롯해 1946년 이승만 정읍 발언이 있던 정읍동초등학교를 둘러보아야 한다고 말한다. "2016년 겨울, 허물어졌지만 모든 게 남아 있다. 왕국을 내려 보는 구마모토 별장도, 과장들 관사도, 담벼락도, 쌀 창고도." 건물에 담장에 우리의 역사가 숨어 있고 남아 있다는 말이다.

한편 건축은 옷 다음으로 신체에 가까운 물리적인 환경인데, 환경이란 본래 '사이'이고 연속적이라고 말했다. 따라서 건축은 눈에 보이는 몸 주변의 모든 것이라고 할 수 있다. 건축은 일단 만들어지면 정해진 대지의 경계선을 훨씬 넘어선다. 집은 주어진 자리에 선다. 그러나 집은 풍경 한가운데서, 도시 한가운데서, 저 멀리서 보이고 그 안과 밖에서 활동하는 우리의 감정과 의식을 작동한다. 다만 그 작동은 매우 천천히 일어나고 매일매일의 일상에서 되풀이되어 나타나서 나도 모르는 사이에 나의 일부가 되어간다. 그도 그럴 것이 사람은 아침에 일어나 밤에 잘 때까지 그리고 누워 자는 사이에도 건축에 둘러싸여 살고 있다. 누구나 집에서 태어나고 집에서 살며 거의 모든 사람은 집에서 죽는다. 너무 당연하고 지나친 표현이 아니냐고 반문할 수도 있겠으나, 건축은 그 정도로 인간이 인생을 사는 곳이다.

정답이 없는 가능성

건축은 사람에게 수많은 '가능성'을 만들어내는 공간적 물체다. 건축을 물체로만 보면 그 자리에 서 있을 뿐인데, 안에서 살아가다 보면 사람과 풍경을 이어주기도 하고, 행위를 실어주기도 하며, 공동체를 형성하게 해주는가 하면, 과거와 미래를 이어주기도 한다. 우리는 건축 안에서 배우고 살아가고 노래하며 기도하며, 밖에서 지내다가도 시간이 되면 반드시 그곳을 향해 내 몸을 맡기는 삶의 자리이기도 하다. 건축은 이렇게 시간 속에서 묻혀가는 사이에 우리 자신의 역사가 되어간다. 건축은 사람의 관계를 만들고, 사람의 관계를 물리적으로 형성해준다.

건축이 여러 가능성에 관한 것임은 건축에서 쓰이는 여러 재료만 보아도 잘 알 수 있다. 철, 콘크리트, 유리, 나무, 타일, 기와, 천, 종이, 플라스틱, 페인트나 접착제 같은 화학 재료 등 셀 수 없을 정도로 많다. 건축물을 지으려면 이런 재료의 성질을 어느 정도는 알고 있어야 하지만 사실 어떤 재료라도 그것을 다 알 수는 없다. 그러나 각각의 재료에는 사물을 다루는 장인이나 고도의 지식을 가진 연구자 등 정통한 전문인이 있다. 건축가란 이들의 지식과 지혜를 빌리며 설계한다. 다만 건축가에게는 분야의 전문가와 지식 및 가르침을 정확하고 겸허하게 주고받기 위한 어느 정도 지식이 필요하다. 마르쿠스 비트루비우스 폴리오Marcus Vitruvius Pollio의 『건축십서De Architectura』에 나오는 건축가의 지식은 이를 두고 한 설명으로 알아들어야 옳다.

사람이 하는 모든 일은 무언가의 '가능성'을 찾아 나서는 데 있다. 그렇게 될지 안 될지는 확실하지 않으나 그래도 할 수 있다고 여기니 하는 것이다. 그래서 가능성은 이미 끝나버린 것에 있지 않고, 언제나 아직 이루어지지 못한 것 안에 있다. 가능성은 이제부터 할 수 있는 미래라는 시간을 향해 열려 있다. 적어도 완전히 정해진 것에는 가능성이라는 말을 쓰지 않는다. 가능성이 100퍼센트면 필연적이라 하고, 주위 상황으로 보아 일어날 가능성이 크다고 판단하면 예측이라 한다. 주관적으로 생각해서 일어날 가능성이 클 것 같다고 여기면 예상이고, 가능성은 확실히 있는데 과연 그럴지 예상할 수 없으면 우연이라고 말한다.

'건축에는 정답이 없다.' '건축에서는 어느 한 측면만을 강조해서는 안 된다.' '건축은 다양한 지식에 교차해 있다.'를 바꾸어 말하면 건축에서 필연, 예측, 예상, 우연은 모두 가능성을 담고 있다는 뜻이다. 이를테면 학교를 생각해보자. 먼저 학교라는 건축은 학교라는 교육 시스템이 정한다. 미셸 푸코Michel Foucault가 학교가 감옥, 공장, 병영, 병원을 닮았다고 말한 것은 학교에 통제와 감시가 손쉬운 교육 시스템이 있었기 때문이었다. 이런 교육 시스템은 어느 학교에나 있는 진부한 놀이 기구까지 그대로 적용된다. 그러나 아이들은 우연과 선택이 계속되는 놀이 기구를 원하고, 마찬가지로 정해진 제도와 공간이 아닌 우연과 선택이 많은 교실을 원한다. 학교를 이렇게 학생들의 삶의 공간으로 바라보면 기존의 학교 건물을 다시 생각하게 되고 학생들의 창의적인 활동을 가능하게 하는 학교로 얼마든지 바뀔 수 있다. 이제까지 늘 그래왔으니 그렇게 지으면 된다는 필연이 바뀌어 우연과 선택의 가능성을 주는 학교로 변화될 수 있다.

건축은 필연의 가능성, 예측의 가능성, 예상의 가능성, 우연의 가능성이라는 모든 가능성 안에서 지어지므로 세상의 모든 것이 건축과 관계한다. 이는 건축이 세상에 있는 모든 것을 볼 수 있는 창이라는 뜻이기도 하다. 건축이 기술, 예술, 철학, 정치, 제도, 역사, 환경 등 모든 것에 관계하는 것은 이 때문이다. 건축이라는 창은 작지만 여러 분야가 교차하는 시야는 넓은 창이다.

임마누엘 칸트Immanuel Kant는 "인간이란 무엇인가?"라는 물음을 "나는 무엇을 알 수 있는가?" "나는 무엇을 해야 하는가?" "나는 무엇을 희망해도 좋은가?"라는 세 가지로 나누어 생각했다. 그는 이 세 가지 질문을 평생의 화두로 삼았다. 그렇다면 "건축이란 무엇인가?"라는 질문은 "건축은 무엇을 알 수 있는가?" "건축은 무엇을 해야 하는가?" "건축은 무엇을 희망해도 좋은가?"가 된다. 그런데 이 세 가지 물음을 합치면 결국 "건축으로 무엇을 할수 있는가?"가 된다. 이 질문은 건축으로 사람은 무엇을 알 수 있으며, 건축으로 무엇을 해야 하고, 건축을 통해 무엇을 바랄 수 있을 것인가와 같기 때문이다.

건축이 무엇을 할 수 있는가? 어느 하나도 빼놓을 수 없는 건축의 역할을 다음 열 가지로 나누어 보았다. 하나, 건축은 인간이 일상생활에서 거주하고 체험하는 장소이자 생활공간이다. 둘, 건축은 일상적 도구에서 시작하는 모든 건조 환경의 문맥 안에 존재한다. 셋, 건축은 집합을 이루며 지역의 문화를 표현하는 도시 공간을 만든다. 넷, 건축은 개인과 사회를 만들어가는 방식이다. 다섯, 건축은 물질로 구축되는 물체이며 공간이다. 여섯, 건축은 경제적으로 유용한 자산이다. 일곱, 건축은 자연환경을 보전하고 유지하기 위해 만들어진다. 여덟, 건축은 전통적 기술과 현대의 첨단 기술에 바탕을 둔 산업의 하나다. 아홉, 건축은 인간의 공통된 가치를 실현하는 풍토, 역사, 문화의 구현이다. 열, 건축은 공동의 노력으로 함께 만들어지고 계승되어 미래를 만들어낸다.

그만큼 건축은 광범위하고, 모두 하나하나의 가능성으로 자리 잡고 있다. 우리는 건축을 통하여 이와 같은 많은 지속적인 가치를 체험하고 이해하고 살아가고 있다.

사회적

모여서 이루는 적합함

동물은 생존하기 위해 모여 산다. 건축물도 마찬가지다. 마을은 무리를 이룬 동물의 세계와 같다. 이것이 사람이 사는 마을과 동물의 세계에 함께 흐르는 DNA다. 산토리니 마을은 무리를 이룬 동물들처럼 아주 작은 부분이 생존을 위해 서로 기대고 모여 있다. 마을을 보고 정겹다고 하지만 집 하나하나를 떼어놓고 보면 허술하다. 그러나 이런 집이 군을 이루면 아름다운 마을이 되고 사람 사는 곳이 된다. 실오라기 하나가 천을 만들 수는 없으나 무수한 실이 모이면 천 조각을 만든다. 작은 것이 무수히 모여서 전혀 다른 성질을 낼 때, 철학 용어로 '양질 전화量質 轉化'라고 한다.

사람들이 모여야 의지하면서 살 수 있다. 사람은 모이기 위해 건축물을 지으며 그런 건축물도 모여 있을 때 진정한 의미를 지닌다. 모여 살기 때문에 좋은 건축이 도시가 되고 좋은 도시가 건축이 된다. 그러나 고독한 사람처럼 혼자 서 있는 건물도 있고, 그런 건물이 기념물처럼 주변에서 떨어져 홀로 있는 도시를 만든다. 콜린 로Colin Rowe는 르 코르뷔지에가 제시한 근대건축을 "공원 속의 도시city in the park"라고 불렀다. 이 말은 전원적인 느낌이 들어 좋게 들리지만, 실은 독립되고 고립된 건축을 말한다.

서양 사람들이 자주 하는 말이 있다. "좋은 시민은 도시의 광장에서 만들어지고, 마음이 착한 어린아이는 마을의 길에서 자란다." 함께 모여 살면서 도시와 건축을 삶의 깊이가 느껴지는 장소와 공간으로 만들어야 한다는 뜻이다. "마음이 착한 어린아이"라고 할 때 착하다, 선하다는 영어로 'good'이다. 그런데 이 어원은 '참가하다'라는 뜻의 앵글로색슨어에서 나왔다. '모이다gather' '함께 together'라는 말도 여기서 나왔다. '선善'이란 사람과 사물이 '서로 모여서 이루는 적합함'이라는 말이다.

좋은 도시를 생기 있게 만드는 것이 건축이다. 오래된 아름다운 도시와 마을은 대부분 건축이 모여 만들어낸 도시다. 베네치아를 보라. 베네치아는 지역지구제로 만든 도시가 아니다. 철저하게 건축물이 서로 부딪치고 피하면서 길을 만들고 생활을 드러내면서 만들어졌다. 이 도시는 골목으로 복잡하게 얽혀 있어서 걷다 보면 같은 길을 다시 걷게 되는 경험을 하게 된다. 가려던 목적지는 보여도 도중에 다른 길을 걷게 되는 도시다. 이런 도시에서는 건축물이 혼자 있는 공간과는 달리 이웃의 건물과 길로 이어지고, 하나의 건축물이 더욱 넓은 공간 안에서 의식된다. 많은 건물이 묶여서 하나로 체험되고 하나의 공기처럼 느껴진다.

에리히 프롬Erich Fromm은 인간의 생존 양식을 두 가지로 구분했다. 재산이나 지식, 사회적 지위나 권력을 추구하며 자기 소유에 전념하는 '소유 중심'의 삶이 하나이고, 나눔과 베풂을 삶의 가치로 여기며 기쁨을 추구하는 '존재 중심'의 삶이 다른 하나다. '소유 중심'의 삶을 사는 사람은 소유 자체가 자신의 존재가 된다. 그러나 '존재 중심'의 삶은 베푸는 삶, 더불어 사는 삶, 너와 나 모든 존재를 하나로 만든다. 물론 이것은 환경을 두고 한 말은 아니었다. 그럼에도 이 두 가지 삶의 방식은 각각 자기에게 집중하는 '소유 중심'의 건축, 모이고 기대고 나눔으로써 이것과 저것을 하나로 엮어내 유지하는 '존재 중심'의 건축이라고 부를 수 있다.

공간은 사회적 합의

모여 살기 위해 만들어지는 모든 건축은 사회적이다. 건축을 만들고 그것을 지속시키는 것은 건축주와 건축가와 건축 관련 기술자를 포함하여 그 건물을 계속 사용하는 공동체가 만드는 사회적인 산물이다. 이 주체는 입장이 서로 다르다. 그런데도 여러 주체가 모여 건물을 만들 수 있는 이유는 이들 모두가 공간적인 상상력을 갖고 있어서다. 이 상상력은 개인에게만 한정되지 않으며, 처음부터 누리게 되는 게 아니다. 되풀이되는 갈등과 협력을 통해 얻어지는 공동의 질에서 나온다. 건축의 힘은 사람들의 공감 속에 있으며, 사회적인 지성이 건물을 세운다.

공동의 질과 공감이라 하니 이상적으로 들리지만, 이것은 결국 모든 사람이 어떻게 생각하는지, 그리고 마음에 들어 하는 지에 관한 것이다. 아돌프 로스는 이렇게 말했다. "건물이란 모든 사람들의 마음에 들어야 한다. 이것은 누구에게나 마음에 들 필요가 없는 예술 작품과 다른 점이다. 예술 작품이란 예술가의 개인적인 것이다. 그러나 건물은 다르다. 예술 작품은 그것에 대해 아무런 필요성이 없어도 만들어지고 세상에 나온다. 그런데 건물은 필요성을 만족시키는 것이다. 예술 작품은 누구에게도 책임을 지는 사람은 없는데, 건물은 한 사람 한 사람에게 책임을 진다."[19] 예술 작품은 개인적이지만 건축은 사회적이며, 건축이 사회적일 수 있는 이유는 많은 사람의 필요성과 목적이 있기 때문이다. 이런 필요성이 "모든 사람들의 마음에 들 때" 공동의 질과 공감은 생겨난다.

건축은 어떤 것이며 건축의 역할이 과연 무엇인가를 명확하게 알려면 〈국제건축가연맹과 건축 교육: 소견과 권고〉의 다음 일절에 주목해보라. "공간은 그 본성이 사회적이며, 사회는 공간적이다. 따라서 건축은 그 공간적인 인프라 구축물을 설계하고 계획함으로써 무엇보다도 사회에 봉사하기 위하여 존재한다."[20]

건축하는 사람은 건축이 사회에 봉사하기 위해 존재한다는 주장에 대체로 동의한다. 그럼에도 건축을 하는 많은 사람은 공간이라고 하면 가장 먼저 미학적인 공간을 떠올린다. 건축에서 공간은 건축가만이 가지는 특권적인 언어이자 전유물로 생각하는 경우가 참 많다. 그런데 앞의 문장은 과연 무엇을 말하는가? 먼저 건축이 있기 이전에 공간이 있고 사회가 있다고 말한다. 당연하게도 사람은 공간과 시간 속에서 살아간다. 자연적으로 주어진 동굴과 같은 공간, 도로 위에 펼쳐진 교통을 위한 공간, 물건을 사고파는 시장의 공간, 학교에서 아이들이 배우고 있는 공간 등 모든 공간과 관련 있다. 그러나 이 공간은 모두 사회적인 역할을 가진다.

여기에서 '사회적'이란 무엇인가? 나와 타자와의 교환관계를 말하는 것이라면, 공간은 내가 다른 사람들과 살아가기 위하여 갖추어야 하는 것이다. "사회는 공간적"이라 함은 사회를 이루는 공동체와 여러 제도가 공간적으로 형성되고, 건축을 만들 때 주어지는 프로그램에 이미 공간적 배열이 나와 있다는 뜻이다.

그런데 여기에 "공간은 그 본성이 사회적"이라는 또 다른 조건도 있다. 이는 건축 공간의 배열이 사회의 조건에 따라 주어지는 프로그램을 결정한다는 뜻도 된다. 건축이라는 형식이 사회의 틀을 정한다. 가족이나 제도가 건축을 결정한다고 보지만, 다른 한편으로는 그것이 건축으로 정해져 버리기도 한다. 사회가 그렇게 지어달라고 요청한 적이 없는데도 건축은 이와 상관없이 지어진다. 그리고 이렇게 지어진 건축으로 사회의 틀이 만들어지는 경우가 많다. 건축을 미학적인 공간으로만 이해하면 안 되는 이유가 바로 건축이 사회에 대하여 구속하고 방해하는 요소가 될 소지를 많이 안고 있기 때문이다. 이것은 건축을 사회적이라 할 때 반드시 짚고 가야 할 주제다.

또 이 문장은 건축이 계획하고 설계하는 대상을 사전에서 정의하듯이 사람이 거주하는 건물이라 하지 않고, "공간적인 인프라 구축물"이라고 하고 있다. 인프라 구축물이란 사회의 기반이 되는 도로, 통신, 전력, 항만 등의 산업 기반과 건물을 말하는데 그 대부분이 공간적이다. 여기서 말하는 건물도 단일한 건물이 아니다. 건물을 둘러싼 여러 공간적인 시설과 장치로 이루어진 구조물을 총체적으로 포함한 것이며, 따라서 건축을 주변의 공간적인 환경으로 확대하여 해석한 것이다. 이 공간적인 인프라 구축물은 물리적으로 존재하지 않는다. 사회적인 관계 안에서 만들어지고 또 지속되는 것이다.

이러한 관점으로 보면 건축 공간이 건축이 아니듯이 도시 공간이 도시가 아니다. 도시 공간은 도시 안에서 사회적인 관계나 질서를 형성하고 유지하기 위해 매개하는 공간이다. 도시 공간은 토지와 그 위에 정주하는 건축물만 집합한 것도 아니며, 지하도나 수도관 같은 인프라 구축물로만 이루어진 물리적인 공간도 아니다. 도시 공간은 도시에서 이루어지는 다양한 사람들의 사회적인 관계와 행위를 가능하게 하는 매개체이자 미디어인 공간이다.

진정한 건축은 이제까지 생각하고 있는 건축의 범위를 훨씬 넘어선다. 건축은 건축가의 예술적 표현물이 아니다. 꼭 건축을 생활로 바라보지 않더라도 건축이 건축가의 예술적 표현물이 아닌 이유는 많이 있다. 크건 작건 건축과 도시의 구분은 점점 사라지고 있다. 건물이 완성되면 건축주와 사용자에게 귀속되고, 따라서 건축은 늘 미래를 향한다. 건축은 일상의 여러 사물과 호흡하며 불특정한 사람들에 대한 관심을 높이고 있다.

단순한 주택에서 거대한 공공 건물에 이르기까지 건축은 현실과 생활에 뿌리내리고 있다. 정치적이며 경제적인 이유에서 성립하는 경우도 많다. 회화나 조각은 미학으로 만들거나 설명해도 되는 순수예술이지만, 건축을 이렇게 보기에는 너무나 많은 요소가 혼재되어 있다. 건축은 건축가 한 사람의 성과물이 결코 아니며 수많은 사람의 공동 작업이다. 건축주와 역사적인 문맥 그리고 공동 작업하는 사람이 없을 때는 전혀 성립할 수 없는 산물이다. 이런 까닭에 "건축가는 철두철미하게 타자他者를 향하고 있다."[21] 그렇기 때문에 다른 누구보다도 타자를 향해 설 수밖에 없는 건축가는 개인적인 의지의 표현으로 건축을 생각해서는 안 된다. 건축은 건축가 한 사람이 그 건물의 창작자라고 분명하게 말할 수 없는 사회적인 산물이다.

바로 이 점이 건축을 건축가의 내부 의지의 표현물로 볼 수 없는 이유다. 건축은 건축가 자신을 표현하는 수단이 아니며 대상도 아니다. 건축이 완전히 건축 그 자체로 있는 것은 건축가가 구상할 때뿐이다. 건축가는 건물이 어떻게 사용될 것이며 어떻게 실현될 것인가보다, 어떤 기대와 의도에서 이루어진 것인가에 더 많은 관심을 기울이고 있다. 그래서 건축에 대한 논의는 건축가 쪽에서만 바라볼 때 자칫하면 유토피아적 성격을 띠기 쉽다.

건축가는 자기 작품이 예술이 되기를 바란다. 오늘날 'art'는 미적인 의미 또는 감정적인 의미에서 적합하다는 주된 뜻이 있지만, 예술은 어떤 사물이 최고의 가치를 나타내는 것이 아니다. 예술이라는 말은 본래 '적합하게 하는 것'이다. 예를 들어 'articulate

또렷이 말하다' 'article기사나 조항' 'artisan직인' 'artefact인공물'이라는 단어 안에 'art'의 음절이 남아 있는 것은 그 때문이다. 예술은 생활의 미적이며 감정적인 측면과 실천적이며 기능적인 측면 사이에 있으며,[22] 인공물인 건축물도 적합하게 만들어지는 것이 되기를 바라야 한다. 건축은 미적이며 감정적인 예술이 되려 하기보다 다른 조건이 더 필요하다.

건축은 합의로 성립한다. 회화나 음악은 다른 사람과 합의하여 만들어지지 않는다. 베토벤이 작곡을 의뢰한 사람과 합의하며 그때마다 악장을 작곡했다는 것은 생각할 수 없다. 그러나 건축은 절대로 그렇게 이루어지지 않는다. 이 방이 어떤지 살 만한지, 건축은 계속 남의 말을 듣고 해석하며 만들어진다. 유치원을 지으려면 아이들 눈높이에서 창문을 열면 뭐가 보이는지, 바람이 솔솔 들어오는지 콸콸 들어오는지, 아이들이 주로 나가 뛰노는지, 실내에서 무엇을 하는지, 물어볼 게 정말 많으며 모두 그곳에서 공부할 아이들과 합의하는 것이다. 어떻게 쓸 것인가 하는 것 이외에도 공사비나 법적 허가 절차 등 건축과 관련된 모든 것은 크고 작은 합의다.

장소와 프로그램

건축물을 설계할 때마다 건축물이 지어지는 대지가 다르고, 건축주도 다르며, 지으려는 목적과 프로그램이 다 다르다. 건축설계를 결정하는 조건은 대지와 프로그램이라는 두 요소다. 대지는 그 장소와 그것을 둘러싼 조건이고, 프로그램은 그 장소에서 일어나는 적절한 행위의 방식과 기능 및 규모를 정하는 일이다. 따라서 건축설계란 대지와 프로그램을 그때마다 해석하고 물질로 조합하여 나타내는 일이다.

건축가는 여러 가지를 배워야 한다. 그러나 건축가가 배워야 할 것을 압축하면 결국 두 가지다. 하나는 건축에 대해 사고방식과 인식에 관한 것인데, 건물이 놓일 주변 환경과 동네를 상대로 건물과 방을 어떻게 연속하도록 배치하는가의 문제다.

다른 하나는 건물의 공간이 구체적으로 어떻게 쓰이는가이다. 이는 건물을 짓는 이유와 목적 그리고 사용 방식과 기능에 관한 문제다. 주어진 조건이 아무리 많아도 건축주는 이 두 가지를 위해 건물을 짓는다. 어디에서 어떤 일을 하고 싶고, 얼마의 면적을 가져야 하며, 방들은 어떤 관계에 놓여야 하는지 행위와 관련된 것들이 설계의 중심이 된다.

세상에 있는 모든 나무는 하나도 똑같이 생긴 것이 없다. 나무가 있는 위치와 장소가 다르고 기후와 토양도 달라 모든 나무는 다르게 자란다. 건축설계도 매번 그 장소에서 단 한 번만 가능한 것을 설계하므로 일회적이다. 설사 똑같은 도면이라 해도 대지의 지형이나 방위, 주위와의 관계가 다를 수밖에 없다. 도면상 똑같은 두 채의 집이 같은 대지 안에 지어져도 사는 사람이 다르다. 따라서 건축설계는 언제나 하나밖에 없는 개별적인 주문생산이다. 설계할 때마다 세상에 하나밖에 없는 건축물을 만든다.

그런데 모든 나무에는 줄기가 있고 가지가 있으며 가지에 잎이 나 있다. 어떤 나무라도 이런 짜임새를 가져야 느티나무도 되고 소나무도 된다. 모습은 다르지만 나무가 되려면 보편적인 형식이 있어야 한다. 건축에는 분동分棟이라 하여 몇 개의 건물을 따로 떨어뜨린다든지 복도로 연결하는 형식이 있다. 그러나 이 형식은 결코 딱딱하지 않다. 이 형식은 구체적인 지형을 만나 장소에 더욱 밀착한 공간으로 변할 수 있다. 또한 이 형식은 학교에도 적용될 수 있고 미술관에도 적용될 수 있다. 나무라는 형식이 제각기 개별성 있는 나무로 성장하듯이, 건축 형식은 장소와 지형과 풍경 그리고 프로그램에 대응하는 유연한 보편적인 성질이 있다.

장소는 미리 주어지지만, 오직 장소만이 건축의 모든 것을 결정하지는 않는다. 어떠한 프로그램에 대응할 수 있는 장소가 사전에 주어지는 법은 없다. 장소가 중요하다고 하여 장소가 모든 것을 결정해준다고 생각한다면 또 다른 일종의 예정조화설豫定調

和說이다. 장소에는 문맥이 있다. 그러나 그 문맥도 무언가의 형식으로 불러내지 않으면 장소는 대답하지 않는다. 도면을 그리고 모형을 만들어 되풀이하여 대지와 대화를 시도하지 않으면 장소의 문맥은 정확하게 드러나지 않는다.

건축가는 도시를 만드는 주역이 아니다. 건축가는 도시에 만들어지는 모든 건물을 만들지 않으며 그 수도 아주 제한적이다. 그런데도 도시는 자연과 사회, 기술과 아름다움이라는 모든 면에서 건물 하나하나의 존재 방식을 규정해준다. 도시는 건축가에게 건축을 생각하는 근거다. 어떤 건축 행위가 내부의 기능을 충족하며 자신을 드러낸다고 해도, 주변 환경에서 도시성을 어떻게 높여 나가는가가 과제가 된다.

2장

근원을 아는 자의 기술

건축설계란 '건축을 만드는 것'이 아니라
주변을 '건축으로 만드는 것'이다.

건축, 아키텍처

아르키텍토니케 테크네

건축architecture은 고대 그리스어 '아르키텍토니케 테크네arkhitéktōnicē technē'에서 나왔다. 회화나 조각 그리고 시는 '미메티케 테크네 mimetikē technē', 곧 모방하는 기술이라 불렀다. 건축은 'arkhitéktōn'의 'technē'라는 뜻으로 'arkhi'는 원리, 수위, 근원, 가장 중요한, 처음이라는 의미이며 'téktōn'은 짜 맞추는 기술자로 문, 배, 주택을 만드는 사람 등이 이에 해당한다.

'technē'란 넓고 일반적인 기술을 말하는데, 장인들이 도구와 물질을 능숙하게 사용하는 기술이면서 한편으로는 예술을 포함했다. 기술을 수단으로만 보면 가구를 만드는 일이나 집을 만드는 일은 모두 나무를 조립하는 일이지만, 기술의 목적으로 보면 사뭇 달랐다.

'teks-'는 짜고 조립한다는 뜻이다. 목재를 짜 맞추는 목수라 해도 그가 가구를 만드는지 배를 만드는지에 따라 무엇을 중요하게 여겨야 하는가가 정해진다. 말하자면 만드는 대상이 무엇인가에 따라 만드는 행위의 고유성이 정해진다. 'arkhitéktōn'은 사전에서는 '도편수master builder' '공사 감독director of works'으로 풀이하는 것이 일반적이다. 그리스어 'arkhitéktōn'에서 라틴어 'architectus'가나왔으며 중세 프랑스에서는 'architecte'가 되었다.

실제로 건물을 기획, 설계, 제작하는 건축가의 직능은 여러 사물의 원리를 알아 여러 기술자를 관할하는 총괄적인 기술이었다. 건축은 사람이나 사물, 일 등에 관한 모든 원리를 통괄하여 하나의 전체로 이끄는 통합의 기술이자 종합적 지식이었다. 이처럼 건축은 역사가 오래된 근본적 기술이었다.

여기에서 고대 그리스어 '아르케arche, ἀρχή'가 매우 중요하다. 'architecture' 'archæology' 'archetype'의 접두사 'arch'는 'archi'에서 나왔다. 이와 거의 같은 뜻인 'arche'는 시작, 기원, 행동의 근원, 본질로 돌아감을 뜻한다. 철학에서 아르케는 만물의 근원을 말한다.

이것은 고대 철학자 아낙시만드로스Anaximandros가 처음으로 사용했으며, 소크라테스 이전의 자연철학자들이 만물의 근원인 아르케를 탐구했다. 아리스토텔레스는 아르케를 학문의 기본 원리라는 의미로도 사용했다.

공장工匠, tekton, tecton이라도 가구를 만드는 공장은 물건이 어떻게 들어가는지에 관심이 있다. 그러나 집을 만드는 공장은 집이설 땅이 어떤 지형을 가졌는지, 그 땅에 서 있는 나무 한 그루는 왜 남겨두어야 하는지, 그 나무 그늘은 아이들이 공부하는 데 유익한 교실이 될 수 있을 것인지, 학교가 될 집은 아이들이 공부하기에 잘 짜여 있는지, 이 집은 계속 남아 공동체 안에서 어떻게 보일지, 바람은 어디에서 불어와 어디로 가는지, 그렇게 하기 위해서는 나무라는 재료를 어디서 얻어와 어떻게 짜서 기둥으로 세울 것인지를 물을 수밖에 없다.

이들은 가구를 만들거나 배를 만드는 사람과는 전혀 달리, 사람이 살아가는 데 근본이 되는 것을 계속 물으면서 나무를 짜맞추는 사람이었다. 그리하여 집을 짓는 이들을 '아르케를 묻고 이해하여 세워 짓는 공장'이라는 뜻으로 'arkhitéktōn'이라 부르게 되었을 것이다. 건축, 곧 아르키텍토니케 테크네는 '아르케를 아는 공장의 기술'이라는 뜻이다. 그러므로 건축가는 '원리와 근원 그리고 시작인 아르케를 알고 이를 기술로 바꾸는 자'이다.

그러면 무엇으로 건축은 근원을 아는 공장의 기술이 되는가? 여기에서 '근원'이란 변하지 않는 또는 변하기 어려운 불변의 가치, 불변의 원칙 같은 것이다. 다른 기술은 한 가지 목적만을 바라본다. 그러나 건축은 잘 바뀌지 않거나 쉽게 바뀌어서는 안 되는 것을 이해하고 제시하며 유지함을 인식하고 기술로 번안한다.

여기에는 여러 가지가 있다. 인간적인 사실, 공동체가 지녀야 할 사실, 계속 지속해야 할 환경의 가치, 역사적이며 기억 속에 잠재하는 사회의 가치, 땅이 가져야 할 변할 수 없는 가치, 사람이라면 응당 갖게 될 수밖에 없는 무언가의 가치, 중력이나 토질, 바람, 물의 흐름과 관계하는 불변의 원칙, 각 사회의 계층이 공간을 통해서 바라는 바를 기술로 바꾸는 것이다.

건축은 '근원을 아는 자의 기술'이다. 건축은 무언가의 불변의 가치를 위해 기술을 통합하며, 그렇기에 건축은 부분적인 기술, 지엽적인 기술, 요소적인 기술이 아니다. 21세기 지속 가능한 사회에서 건축은 커다란 도시에 비하면 아주 작은 것이 아니며, 반대로 수많은 기술이 통합되고 근원의 가치를 기술로 번역하는 "큰 기술"이다.[23] 건축은 20세기와는 다른 길을 걷게 될 것이고, 이제까지 가볍게 여겨졌던 '근원을 아는 자의 기술'인 건축으로 많은 것이 수렴되는 사회가 도래하고 있다.

그렇다면 건축이 과연 무엇을 하는 것인지 요약해보자. 건축은 사람이 살아가기 위해 바라는 바와 살면서 얻는 경험, 원망顧望과 욕망이라는 사회적인 힘을 다양한 기술로 집적하여 중력 등 자연의 힘과 물질로 결합한 것이다.

건축의장
마음으로 골몰하는 것

건축가 김수근이 옛 국립부여박물관 설계로 왜색 시비가 있을 때, 건축가 이천승이 《동아일보》에 기고한 글의 제목은 〈건축의장의 보편성建築意匠의 普遍性〉이었다.[24] 이때 건축의장은 건축설계의 핵심과 본질이라는 뜻이었다. 40년 뒤 건축의장이라는 용어가 건축하는 사람들 사이에서 뚜렷한 이유 없이 폄하되기 시작했다. '의장意匠'이라고 하면 겉보기, 색채, 모양, 껍질과 같은 뜻으로 본다. 의장특허라는 말도 이런 뜻이 있다. 국어사전에도 "미관, 채광, 음향 따위를 종합적으로 고려하여 건축물 안팎의 형태를 설계하는 고안"이라고 되어 있다.

어쩌다가 이렇게 되었을까? 의장은 일본에서 만든 말이라고 거부하는 경향이 있으며, 광복 이후 기초 미술대학 디자인 내용을 건축으로 번안하여 건축의장이라는 과목을 가르쳐왔다. 내용이 겉보기가 되니 건축의장이라는 과목도 겉보기로 보였다. 그 이후 건축의장이 다루는 바를 건축이론이라고도 하고 건축설계이론이라고도 부르며, 때로는 건축비평과 혼동하기도 한다.

유감스럽게도 '의장'이라는 말은 일본에서 만든 말이 아니었다. 그것은 당나라 두보杜甫의 시에 나오는 "意匠慘憺의장참담"에서 왔다. 두보가 이 말을 쓰기 이전에는 앞서 진나라 문인 육기陸機의 시부詩賦에 나온다. 의장이라는 말은 중국에서 오래전부터 있던 말을 가져다 쓴 것이다. 그 뜻은 "회화繪畫, 시문詩文 등의 제작製作에 골몰하여 무척 애씀"이다. '참담'이란 끔찍하고 절망적이라는 우리말과는 달리, 중국에서는 몹시 마음을 쓰고 골몰함을 뜻하니 오해 없기 바란다.

다만 말이란 사람들이 어떻게 쓰는가, 무엇을 더 많이 쓰는가에 따르므로, 건축하는 사람들이 '의장'을 어떻게 생각하고 받아들이는가가 더 중요하다. 더구나 '의장'이라는 말이 디자인 등에 두루 쓰이며, 건축에서만 겉보기, 색채, 모양, 껍질이란 뜻으로 받아들이는 것이 아니다. 그러니 다시 생각과 물질에 대하여 골몰하는 것이라고 바꾸어 생각하자고 한들 이런 변화를 어찌할 수는 없을 것이다.

그러나 '건축의장'은 건축을 제작하는 데 생각과 물질에 대하여 골몰하는 것이다. 공과대학 안에는 수많은 과목이 있지만, '건축의장'이라는 과목은 그중에서 가장 오래된 이름이다. 건축학과에도 새로운 변화에 대응하는 과목이 많이 있다. 그러나 건축의장은 변하지 않는 건축의 본질과 변화의 양상을 함께 다루려는 건축학의 영역이다.

예쁘다와 아름답다

건축하는 사람들은 "건축이란 무엇인가?" 하고 곧잘 묻는다. 왜 이런 질문을 하는가? 이는 "건축은 인간 사회에 대해 무엇을 할 수 있는가?"라는 물음의 다른 표현이다. 이때 왜 한 쪽에는 건축을, 또 다른 한 쪽에는 인간 사회를 둘까? 그리고 왜 무엇을 할 수 있는지 묶어서 묻는 것일까? 바로 건축이라는 것이 보이지 않고 잴 수 없는 인간 사회의 무언가를 퍼 올려 잘 담든지, 표현하든지,

작동하든지 해야 한다는 뜻이다.

건축을 설계하며 만드는 것이 "꽃을 본다."라면 건축을 설계하며 근거하는 바는 "꽃의 아름다움을 본다."에 있다. 우리말의 '아름답다'와 '예쁘다'라는 말의 차이와 같다.[25] 먼저 '예쁘다'는 사물을 눈으로 보기에 좋은 상태를 말한다. 자신보다 나이가 어린 사람이 사랑스러운 일을 했을 때 '예쁜 짓'이라고 한다. '예쁜 사람'이라고 하면 얼굴이 예쁜 사람을 뜻한다. 그러나 '아름다운 사람'은 얼굴이나 몸의 맵시가 예쁜 사람을 뜻하며 때로는 마음씨도 좋은 사람을 뜻한다. 예쁜 사람과 아름다운 사람 모두 눈으로 보기에 좋은 사람이라는 뜻이다.

그렇지만 아름다운 것은 눈으로 보는 데만 있지 않다. 아름다운 소리는 귀에 좋고, 아름다운 이야기는 마음을 움직인다. 아름다운 사랑이나 아름다운 삶이란 눈으로 보기에 좋은 사랑이나 삶이 아니라 마음을 움직이는 사랑이나 삶을 말한다. '예쁘다'는 눈으로 보기 좋은 것에 한정되지만, '아름답다'는 귀한 가치를 지니고 있을 때 사용한다. 아름다움은 눈으로만 보기에 아름다운 것이 아니라 보편적인 가치, 진실한 것, 진정성 있는 것을 말한다.

'선한 행동'은 모범적인 행동이고 가치 있는 행동이다. 누구를 위한 희생은 선한 행동이다. 그런데 그것을 선하다고 인정은 해도 나와는 거리가 있는 다른 사람의 선한 행동일 따름이다. 그 행동이 선하다고 인정하는 것과, 내가 그와 똑같은 행동을 하고 싶어 하는가는 다른 문제다.

그런데 '아름다운 행동'은 내가 직접 하지는 않더라도 감탄하게 되는 행동을 말한다. 내가 할 수 없어도 선망의 대상이 되는 행동이다. 따라서 아름다운 것, 아름다운 행동은 나도 하고 싶은 충동과 각오를 불러일으킨다. "아름다운 것은 그것을 가지고 있을 때 우리를 행복하게 하지만, 설사 그것이 다른 사람이 가진 것이라도 여전히 아름다운 것이다."[26] 이것이 아름다움에 있는 '잴 수 없는 것'이다.

목이 마른 사람은 물을 마시려 하지 그 물을 아름답다고 관조하지 않는다. 그러나 갈증이 해소되고 나면 잔잔한 물, 깊은 물의 아름다움을 느끼게 된다. 움베르토 에코Umberto Eco가 잘 설명했듯이 아름다움은 소유와 욕망이 아닌 관조에서 나온다. 아름다움은 '잴 수 없는 것'에 대한 관조의 문제인데, 관조는 내 것이 아닌데도 내 것처럼 생각하고 느끼게 하는 힘이다.

건축물의 아름다움도 마찬가지다. 건축물은 눈으로 보아 느끼는 아름다움으로 완성되지 않는다. 눈으로 보아 좋은 건축물로 판별할 줄만 안다면, 우리는 '예쁜' 건축물일 뿐인 건축물을 '아름다운' 건축물이라고 표현하고 있을 따름이다. 아름다운 건축물은 눈을 거치고 귀를 거쳐 마음으로 전달된다. 그것이 무언가 진실한 것, 인간이라면 꼭 지켜야 할 아주 근본적인 가치에 닿을 때, 아름다운 건축물임을 알아차린다.

눈에는 예뻤는데 쓰임새의 목적과 무관하고 시간이 지나면서 그다지 우리의 삶과 관계없음을 알게 되면 그 건물을 아름답다고 하지 않는다. 골목에 바짝 붙어 허름한 담장으로 둘러싸인 아주 작은 마당에 빨래가 널려 있고 가족들이 열심히 일하고 있는 달동네 주택을 오랫동안 대하면, 눈에는 예쁘지는 않지만 사람이 살아가는 모습에 유화된 집을 보며 얼마든지 아름답다고 느끼게 된다.

알바 알토의 주택은 그저 예쁜 주택이 아닌 아름다운 주택이다. 그가 설계한 마이레아 주택Villa Mairea이 있다. 가본 적은 없고 단지 도면과 사진으로 모습을 상상할 따름이다. 그렇지만 그 주택은 실제로 가보아도 상상과 다름이 없고, 오히려 더욱 진한 삶의 모습을 담고 있으리라 생각하게 한다. 주변의 자연이 참으로 아름답고 그 안에 파묻힌 듯이 서 있는 주택은 자연 밖으로 튀지 않아 아름답다. 주택 내부 바닥과 천장에 비치는 빛이 재료의 진정성을 잘 드러내는 듯 아름답고, 주택 안팎으로 움직이는 가족의 삶과 같아 보이기도 한다. 침대 하나 커튼 한 장이 모두 제자리에 있어 아름답다. 수많은 사진으로만 오랫동안 보아왔건만, 나는 이 주택에서 겉치레를 느껴본 적이 없다. 이 주택은 눈을 거쳐 신체를 지나 나의 마음에까지 도달하여 무언가 이 세상을 살아가면서 지키고 간직해야 할 아주 평범해 보이지만 깊은 '진리' 또는 '본뜻'을 안에 깊숙이 적셔둔 듯했다.

한국 천주교의 영성과 문학 분야의 선구자 최민순 신부[27]는 오래전 강의에서 칠판에 이렇게 쓰고 가르쳤다고 한다. "꽃을 본다. 꽃의 아름다움을 본다. 꽃의 아름다우심을 본다." 만일 이것이 시라면, 이 짧은 시가 말하는 바는 이렇다. "꽃을 본다."는 대상을 나의 시각과 지각으로 보는 것이고, "꽃의 아름다움을 본다."는 꽃이라는 본성의 표현을 보는 것이다. 그리고 "꽃의 아름다우심을 본다."는 꽃을 만드신 창조주의 아름다우심을 꽃을 통하여 본다는 것이다.

물질로 아름답게 만들어 그것을 보고 만지도록 하는 바로 뒤에는 그것을 아름답게 만드는 본질이 숨어 있다는 말이고, 그 본성과 함께 아름다운 꽃을 만드는 창조자의 아름다운 사랑이 다시 그 뒤에 있다는 말이다. 건축에서도 같은 것을 말할 수 있다.

의의意와 장匠

건축가 루이스 칸은 근대건축의 설계 태도를 크게 비판하며 본래 건축이 가져야 할 설계 태도를 '폼Form'과 '디자인Design'으로 구별했다그 본뜻이 유지되도록 이를 '형태' 등으로 번역하지 않으며, 각 영어의 머리글자를 대문자로 쓴다. 이 말을 처음 듣는 사람은 이것이 왜 중요한지 의아해할지도 모르지만, 이 구별은 근대건축의 사고를 현대건축의 사고로 넘어오게 한 가장 큰 변혁이었다. 그는 건축설계란 '폼'이라는 '잴 수 없는 것'에서 시작하며, 이것이 '디자인'이라는 '잴 수 있는 것'으로 구체화된다고 보았다.

칸은 'the beautiful아름다운 무엇'은 'beauty아름다움'에서 비롯한다고 보았다. 이는 각각 '폼'과 '디자인'에 해당된다. "주택을 본다"는 아름다운 무엇이고 '디자인'이지만, "주택을 만들게 하는 사람들의 공동성을 본다"는 아름다움, 아름다우심이고 '폼'과 같다.

사람이 건축을 함에 있어서 본래부터 지니고 있는 고유한 뜻이 있음이 '폼', 곧 잴 수 없는 것인데, 이를 의장으로 말하자면 '의意', 곧 뜻과 생각이다. 이것을 구체적인 물체로 드러내는 것이 '디자인', 곧 잴 수 있는 것인데, 이를 의장으로 말하자면 '장匠'이다. 장은 장인匠人, 장색匠色, 바치물건을 만드는 것을 업으로 삼는 사람, 기술자를 말하며, 고안하고 궁리하는 것이다.

비트루비우스의 『건축십서』 제1서에 "quod significatur et quod significat 의미를 받는 것과 의미를 주는 것"라는 말이 나온다. 영어로는 "that is signified and that signifies"다. "의미를 받는 것"이란 구체화된 건축물을 말하고, "의미를 주는 것"이란 구체화된 건축물을 이루는 여러 생각과 이론을 말한다. 루이스 칸의 말로 하자면, 의미를 주는 것은 폼이고 의미를 받는 것은 디자인이다. 따라서 "의미를 주는 것"은 의장의 '의意'이고, "의미를 받는 것"은 의장의 '장匠'이다. 이처럼 건축의장은 건축만이 할 수 있는 것, 건축으로 할 수 있는 것, 건축이 받아서 번역해야 할 본질을 생각하고 실천하는 분야다. 이는 건축의 가장 핵심적인 분야이며, 이것이 있기에 우리는 '건축학'을 말할 수 있다. 건축의장은 건축학을 성립시키는 근본적인 학문을 이르는 말이다.

"꽃을 본다. 꽃의 아름다움을 본다. 꽃의 아름다우심을 본다."의 차이를 조금 더 어렵게 설명해본다. "사과가 있다."의 경우, 사과+가+있다가 된다. 마르틴 하이데거Martin Heidegger가 이 문장을 설명한다면, 사과=존재자, 있다=존재이므로, '사과'+가+'있다'는 '존재자'+가+'존재'라고 설명할 것이다. 그러니까 "꽃을 본다."는 존재자를 보는 것이고, "꽃의 아름다움을 본다."는 실제로 눈으로 볼 수 있는 것이 아니라서 마음으로 존재를 본다는 뜻이다.

루이스 칸은 건축가가 배워야 할 세 가지를 제시하면서 왜 그것을 배워야 하는가를 매우 세심하게 설명했다. 여기서 건축가가 배워야 할 세 번째 측면은 다음과 같다. "건축은 실제로 존재하지 않는다. 단지 건축 작품만이 존재한다." 우리가 건축물을 만든다. 그러나 단지 물질로만 예쁘게 만들지 않는다. 건축 작품은 꽃과 같은 것으로 존재하지만장匠, 건축은 마음속에 존재한다의意.

건축은 실제로 존재하지 않는다는 말은 건축은 물체와 같은 존재자가 아니라는 뜻이다. 칸의 말로 하자면 건축의장의 의와 장은 각각 건축과 건축 작품의 관계다.

근거와 가설

건축이론에는 근거가 없다는 말을 많이 듣곤 한다. 그런데 근거란 사물이 존재하기 위한 이유이고 존재 이유다. 원인과 결과의 관계가 강할 때 근거라는 말을 쓴다. "우리나라 선수가 이긴 근거는 내가 응원한 덕분이다."라는 표현은 그릇되었지만, "내가 응원한 덕분에 우리나라 선수가 이겼다는 근거는 없다."는 맞는 표현이다. 사소하게 보이는 두 표현에도 맞고 틀린 근거가 있다. 그렇다면 이 두 표현이 맞거나 틀리다고 여기는 근거는 무엇일까? 모든 존재에는 근거가 있다.

아마도 이런 주장은 건축이론에는 과학적으로 증명된 근거가 없다는 말일 것이다. 근거에는 철학적 근거, 과학적 근거, 수학적 근거가 있다. 일상적으로 논리적 근거라는 말도 많이 사용한다. 그렇지만 이것은 엄밀한 학문적 태도로 분명한 말은 아니다. 이렇게 근거에는 여러 조건이 붙는다. 사소하게 보이는 사물에도 근거가 있는데, 건축이론에 근거가 없을 리 없다. 먼저 건축의 역사가 증명한다. 건축의 역사를 깊이 들여다보면 어떤 개인이 자의적으로 판단한 것만 모여 있지 않음을 알게 된다. 또 진지하게 무언가를 포함하려고 했음을 깨닫게 된다. 우리는 이것을 '건축적 근거'라고 불러야 할 것이다.

건축가가 건물을 설계하고 지을 때 어떤 측면이 근거가 된다고 생각할까? 이때 되풀이되는 것이 있다. 잘 살펴보면 어려운 지식이나 용어를 몰라도, 또 어려운 건축이론이나 철학적 사변을 하지 않더라도, 얼마든지 그 근거를 생각해낼 수 있다.

어느 지역의 주민 센터를 설계한다고 하자. 가장 먼저 어떤 '근거'에서 설계를 시작하면 좋을까? 면적을 잘 맞추기 위해 건축주가 요구한 여러 방의 면적을 충실하게 반영하려는 건축가가 있다. 실용적인 가치다. 또 이미 지어진 다른 주민 센터를 가보고 그것이 동네에서 실제로 어떻게 사용되는지를 찾아 이것을 근거로 설계해야겠다고 생각하는 건축가가 있다. 그는 주민 센터에 사람들이 요구하는 바를 새롭게 반영하겠다고 보는 사람이다. 용도와 관습에 대한 가치다.

그런가 하면 주민 센터에 다양한 취미 활동이나 행사가 자유롭게 일어나길 바라는 건축가가 있을 것이다. 길을 매일 지나다니는 사람들이 보고 자극을 받아 한번 들러보도록 해야겠다는 생각을 근거로 시작하는 이들도 있다. 사용자에게 호소하는 가치다. 그것뿐일까? 어떤 건축가는 이 주민 센터가 자리 잡은 장소를 잘 살려서 수더분하게 사람들을 모아들이는 건물로 만들겠다는 생각을 할 것이다. 장소에 대한 가치다. 이 모든 것이 주민 센터를 만드는 근거가 된다.

건축물 자체와 관계되는 조건들도 있다. 먼저 건축물은 수많은 부분으로 이루어진다. 크고 작은 방들을 배분하고, 무수한 재료를 용도와 기능에 맞게 조합한다. 수많은 부분을 합쳐 그것보다도 큰 것을 만들어낸다. 또한 건물이 놓이는 장소 주변의 더 많은 건물, 도로, 나무 등과 관계 지어볼 때, 새 건물은 전체의 한 부분이라고 생각하며 설계를 시작할 수도 있다.

이제까지의 주민 센터가 천편일률적인 모양이었으니 이번에는 더 조형적으로 주민에게 친근하게 지어야겠다고 생각하여 건물 모양을 구상한다면 이것은 형태에 관한 조건이다. 기둥 간격, 벽과 창의 형상과 재료와 질감을 어떻게 할 것인지는 모두 건축물 자체에서 나오는 조건들이다.

물질의 조건도 건축의 근거가 된다. 만일 이 건물에 벽돌을 사용한다면 벽돌의 강도, 크기, 쌓은 방법, 구조체 여부 등은 벽돌 자체의 물성이나 존재에 관한 것이다. 그러나 벽돌의 질감, 색상, 빛에 대한 효과, 쌓는 방법에서 생기는 줄눈의 시각적인 효과, 예상되는 노후 정도, 치장 등은 벽돌 자체에 대하여 사람이 느끼는 감각에 관한 것이다. 작은 벽돌 하나에도 수많은 조건이 있다.

건축의 근거에는 사람에 관한 것이 있다. 사람이 이 건축물 안에서 어떤 느낌을 가지며 살아갈 것인가, 시간이 지남에 따라 어떤 기억을 간직하며 살아갈 것인가, 벽돌 곁에 앉거나 만져 보는 사람들의 감정은 어떤가 끝까지 견지하는 것이다. 이것은 건축가와 건축 안에 사는 이들의 마음에 관한 문제다.

건축가는 건물을 만들 때 여러 조건을 합쳐나가지만 처음에는 눈으로 판단한다. 이 단계에서 건축가는 전체를 규정하며 끝까지 담고 갈 근거가 되는 가치에 대한 개념을 크기, 위치, 배열, 형태 등의 아주 단순한 모습으로 판단한다. '잴 수 없는 것'을 눈으로 확인하기 위함이다. 종이 위에 그린 건물의 첫 모습에 실제의 구조나 공사비 등을 완벽하게 고려하여 구상하는 경우는 거의 없다.

그럼에도 이 첫 단계는 계속될 수 없다. 이 단계를 지나 '잴 수 없는 것'을 '잴 수 있는 것'으로 만들기 위해 합리적인 근거와 방법을 구상한다. 논리적인 이유, 경제적인 이유, 요구 면적에 대한 합리적인 편성, 경제적이면서도 타당한 구조 형식과 설비 시스템, 실제의 크기를 갖춘 건물의 형태, 유리창과 창틀의 크기 같은 아주 구체적인 조건을 해결해간다. 이때 이런 것을 판별하는 도구는 대체로 자신의 이성이다.

설계 과정은 공간의 체험을 사전에 검증하는 것이다. 설계할 때 변하지 않는 가치가 있다고 가정하고, 이를 잘 받아 적기만 하면 된다는 식으로 이해해서는 안 된다. 개인 주택이나 다세대 주택, 농업 박물관 등을 설계하면서 건축가가 제안하는 무수한 개념과 제안은 고정된 원리에 대한 풀이가 아니다. 모든 건축은 가족의 세계, 다세대주택에 모여 사는 사람들의 세계, 농업 박물관에서 문화와 역사를 체험하는 사람들의 세계에 대해 건축가의 '가설'을 제출한 것이다.

'가설'을 오해해서는 안 된다. 가설이란 어떤 사실을 설명하거나 어떤 이론 체계를 연역하기 위하여 설정한 가정이다. 이 가정에서 이론적으로 도출된 결과가 검증되면, 가설의 위치를 벗어나 일정한 한계 안에서 타당한 진리가 된다. 예를 들면 우주원리는 원리라는 이름이 붙었지만 가설이다. 마찬가지로 건축설계를 하고 건물로 짓고 그 안에서 행동하며 살아가는 사람의 건축적 행위는 가설을 검증하는 것이다.

건축학의 명저들은 '원리'라는 이름을 달고 있다. 예를 들어 건축사가 루돌프 비트코버Rudolf Wittkower의 『인본주의 시대의 건축 원리Architectural Principles in the Age of Humanism』나 파울 프랑클Paul Frankl의 『건축형태의 원리Principles of Architectural History』[28] 같은 책들은 건축에 대한 가설이 검증되어 인본주의 시대의 건축 원리가 되었고, 시대를 관통하여 검증되어 건축사의 원리가 되었다.

오늘날은 원리를 믿지 않는 시대라고 해서 건축에 대해 특별한 태도를 보일 필요는 없다. 건축은 잴 수 없는 것에서 시작해 지속적인 가치를 발견하여 그 안에서 가설을 구축하고, 다시 그것을 잴 수 있는 것으로 구체화하여 건축으로 실현하고 세계를 검증하는 것이다. 건축설계란 어떤 근거를 발견하여 계속 '가설'을 세우는 것이다.

건축과 건물

이분법

건축에서 가장 중요한 이분법은 건축이냐 건물이냐를 구분하는 것이다. 이런 분화는 르네상스에서 시작했다. 르네상스시대에 들어와 장인과 예술가의 계층이 분화되었다. 스케치, 투시도법, 고대 미술의 지식, 신플라톤주의 등 보편적인 학예를 배운 예술가가 한쪽에 있었고, 길드 조직에서 기법을 고수하는 장인이 다른 한쪽에 있었다. 세월이 훨씬 더 지나 산업혁명 시대를 거쳐 19세기에 이르러서는 엔지니어링공학은 아트예술와 분리되었다. 이런 과정에서 건축가의 지위는 내려갔다.

이는 촉각적인 것에서 시각적인 것으로 이행하는 역사와 평행한다. 건축 재료는 손으로 만지고 손으로 운반하며, 구조는 손으로 구축하므로 촉각적이다. 그러나 비례나 고대건축에 관한 논의는 시각 쪽에 있었다. 이런 사정을 잘 나타내는 것이 세바스티아노 세를리오Sebastiano Serlio가 나눈 다섯 가지 러스티케이션돌쌓기이다. 같은 크기의 돌인데도 거칠게 다듬은 것은 눈으로 보기에 촉각적인 것처럼 보이고, 매끈하게 다듬은 것은 시각적으로 가볍게 보였다. 촉각적인 석조 기술을 시각적으로 바꾼 것이었는데, 이처럼 건축은 촉각적인 것에서 시각적인 것으로 이행해갔다.

촉각적인 것과 시각적인 것, 공학과 예술의 구분이 근대에 와서 빌딩building에서 아키텍처architecture로 이행했다. 건축과 건물은 건축가라는 직능에서 다룰 기술적인 문제가 아니었다. 그것은 어디까지나 인식의 문제였다. 그리고 여기서 다시 공학적 공작물에 지나지 않는 것은 건물building, 예술을 부가한 것은 건축architecture으로 여겼다. 그래서 빌딩에 지나지 않는 구축물과 아키텍처에 속하는 것을 구별했다. 엔지니어는 이런 구분을 하지 않았으나 자신을 전능하다고 믿는 건축가만은 이 둘을 구분했다.

'architecture'를 사전에서 찾아보면 "짓는 방식과 과학the art or science of building"이라고 나온다. 여기서 짓는 대상은 사람이 살 수 있는 구조물을 말한다. 여기에서 'building'은 건물이 아니라 '짓기'다. 곧 건축은 짓는 방식 또는 과학이다. 그래서 이를 흔히 '건축술建築術'이라고 번역한다.

건물建物은 사람이 거주하기 위해, 일이나 작업을 하거나 물건을 보관하기 위해 세워진 것을 나타내는 일반적인 이름이다. 건축물建築物은 건축법에서 정의한 이름이다. 건축법에서는 건축물이란 토지에 정착하는 공작물 중에서 지붕과 기둥 또는 벽이 있는 것과 이에 딸린 시설물 등을 말한다. 건조물建造物의 정의는 분명하지 않으나 형법과 문화재보호법에서는 건축물이 아니라 건조물이라는 단어가 사용된다. 건조물에는 건축물의 정의에 속하지 않는 건물이나 교량, 수문 등의 구축물도 포함된다.

건축법에서 정의하는 건축은 짓는 방식과 과학이라는 사전적 의미와는 전혀 다르다. 건축법에서 건축이란 건축물을 신축·증축·개축·재축再築하거나 이전함을 말한다. 곧 건축물을 새로 지음, 늘려 지음, 고쳐 지음, 다시 세움이 건축이다. '설계'란 건축물의 건축, 대수선 등을 위해 도면 등을 작성하는 행위를 말한다. 그러니 건축설계는 건축과 건축물을 새로 짓고 늘려 짓고 고쳐 짓고 다시 짓는 행위이고, 건축물은 건축된 물체, 건축된 구조물이 된다. 건축은 행위이고, 건축물 또는 건물은 그 행위의 결과물이다.

건축과 건물을 지나치게 분리하여 구분한 사람은 니콜라우스 페브스너Nikolaus Pevsner다. 그는 『유럽 건축사 개관An Outline of European Architecture』에서 "자전거 보관소는 건물이지만 링컨 대성당Lincoln Cathedral은 건축의 하나다. 사람이 안으로 들어가기에 충분한 스케일로 공간을 둘러싸는 거의 모든 것은 건물이다. 그러나 건축이라는 용어는 미학적인 호소에 대한 어떤 견해로 설계된 건물에만 적용된다."²⁹ 그의 이 책이 널리 읽혔으므로 그가 말한 건축과 건물의 구별도 널리 받아들여지게 되었다.

그의 분류에 따르면 건축은 건물이 아니며, 미학적인 호소력을 지니고 있을 때만 비로소 건축이 될 자격이 있다. 미학적인 호소가 있을 때 건물은 건축으로 승격될 수 있다. 페브스너의 말대로라면 '자전거 보관소'와 같은 계열에 속하는 주차장이나 자동차 학원은 '미학적인 호소'가 없으므로 한낱 즉물적인 사물에 지나지 않는 건물이고, 문화의 가치가 들어가 있는 것만이 건축이다. 르 코르뷔지에의 생각도 이와 비슷하다. "돌과 나무와 콘크리트를 써서 집을 짓고 궁전을 짓는다. 그렇지만 이것은 건설이다. 이것에는 정교한 재능이 작용할 뿐이다. 그러나 그것이 나의 마음을 사로잡고 나에게 좋은 것을 가져다줄 때, 나는 비로소 행복을 느끼며 이렇게 말하리라. '이것이 아름다움이고, 이것이 건축이며, 그 속에 예술이 있다'고."³⁰

여기에 지오 폰티Gio Ponti의 『건축예찬Amate L'Architettura』이 동원된다. "건축은 형태이고 그러므로 '한계'가 있는 것이다. 어떤 비율로써 고정된 한계를 설정하지 않고 단순한 요소들의 반복으로 만들어진 구조물은 예술로서의 건축 작품이라 할 수 없다. 그러한 구조물은 단순히 건물일 뿐이다." 건축은 형태와 한계, 건물은 단순한 요소들이 반복된 구조물이라는 것이다. 지오 폰티는 훌륭한 책을 남겼지만 건축과 건물에 대한 구분은 정확하지 못하고 임의적이다. 여기에서 '한계'란 번역이 잘못된 것으로 보이지만 결국 비례를 따른 형태를 말한다.

이런 경향에 따라 우리나라에서 '건축'과 '건물'을 분리하는 의견이 너무 많다. "단순한 기술을 구사하여 만들어진 결과로서의 구축물을 건축물이라 하고, 공간을 이루는 작가의 조형 의지가 담긴 구축의 결과를 건축이다."[31]라든가, 건물은 물리적이고 기능적인 사물 정도이며, 이에 건축은 "사유의 가치를 가진 것이며, 형이상학적 생산과정을 담은 것"[32]이라고 자신 있게 단정한다. 페브스너의 영향을 받아 건축가는 '건축'을 철학자처럼 사유하는 방식으로 여기고 싶기 때문이다. 물질과 정신을 분절한 사람은 르네 데카르트René Descartes였다. 그는 물질을 정신과 다른, 독립해 존재하는 덩어리로 보았다.

이들은 "우리가 건축을 만들지만, 그 건축이 다시 우리를 만든다."며 윈스턴 처칠의 말을 많이 인용한다. 그러나 원문은 "We shape our buildings; thereafter they shape us.우리가 건물을 만들지만, 그 건물은 다시 우리를 만든다."다. 분명히 그가 말한 것은 건물building이지 건축architecture이 아니다. 그런데도 건축에는 작가의 정신이 깃들었지만, 건물은 단순히 기술로 지어진 결과라는 생각이 얼마나 깊은지, 처칠의 말을 교묘하게 그들의 태도에 맞게 고쳐버렸다. 그리고 이 말이 여기저기에서 그대로 사용되고 있다.

이러한 흐름에 동의하는 주장도 제법 많이 발견된다. "방 혹은 룸이 조직된 집합체가 건물이라면 공간이 조직된 집합체는 건축이다. 그래서 어떤 구조물의 내재적 용도가 사라졌을 때 존재의 의미가 없다면 그것은 건물이 되는 것이다. 그러나 내재적 용도가 없다고 해도, 단지 역사적 가치가 아닌 건축적 가치를 통해 존재의 의미가 있다면 그것은 건축이다. 그것은 용도와 결합되지 않고 가치만 존재하는 단어인 공간으로 이루어져 있기 때문이다. 그리하여 지붕이 없어진 폐허 '파르테논 신전'도 위대한 건축으로 남아 있는 것이다."[33] 그러나 이 말은 실용성만 따지는 건물이 아니라면 어떤 건물에도 건축은 있다는 게오르크 빌헬름 프리드리히 헤겔Georg Wilhelm Friedrich Hegel의 생각을 그대로 반영한 것이다. 베르나르 추미Bernard Tschumi는 단순한 건물에 일종의 '예술적인 보충물'을 덧붙이면 건축이 된다는 이런 생각을 비판한다.[34]

이 설명은 먼저 건물과 건축을 구별하고 있다. 방이 집합된 것이면 건물, 공간이 집합된 것이면 건축이라고 한다. 방은 용도에 따른 것이고 공간은 용도에 구애받지 않는 것이다. 따라서 용도의 구애를 받으면 건물, 용도의 구애를 받지 않으면 건축이라는 것이다. 그래서 역사적 가치가 있고 건축적 가치가 따로 있다고 한다.

건물과 건축은 다른 말이니 그 차이가 있는 것은 사실이다. 그러나 방이 집합된 것이면 건물, 공간이 집합된 것이면 건축이라는 구별은 성립하지 못한다. 건축은 방에서 시작한다. 추상적인 공간이 구체적이며 현실적인 용도보다 앞선다고 말한다. 이 또한 근대건축 이후의 공간 우선을 따르는 주장이다. 건축적 가치란 현실을 벗어난 곳에 따로 있는 게 결코 아니니 역사적 가치와 건축적 가치는 상반되지 않는다.

건축과 건물을 이렇게 구분하고 오직 건축가의 작품을 감상하고 평가하는 것을 당연하게 여기면 어떤 결과가 생길까? 우선 작품이 아닌 보통 건물은 눈에 들어오지도 않으며 관심의 대상이 아니게 된다. 그러면 자기가 사는 마을을 이루는 무수한 건물에는 주목하지 않으며, 오직 건축 잡지에 실리는 작품만이 자신의 길잡이가 된다. 그런데 잘 생각해보라. 우리의 일상생활이 전개되는 곳은 작품인 건축이 아니라 무수한 건물로 이루어진 마을, 동네, 도시 공간이다.

건축과 건물은 같은 것의 다른 표현이다. 건물을 짓게 생각하는 것이 건축이고, 건축으로 지어진 물적인 결과물이 건물이다. 정신이 담겼고 안 담겼고 하는 구별로 건축과 건물이 나뉘는 것이 아니다. 오히려 그런 형이상학적, 정신적, 예술적 기준으로 건축 전반을 재단한다는 것이 훨씬 더 큰 문제다. 땅을 소유한 사람이 자신의 조건이나 미래의 계획에 따라 세워진 결과물을 두고, 시대에 뒤떨어진 인위적인 기준으로 그것을 건축이라고 하고 건물이라고도 할 뿐이다.

건물이라 불리는 구조물 안에서 사람들이 더 행복하고 풍부하게 산다면 그것으로 충분하다. 그런데도 건축 전문가는 무슨 이유로 정신이 있고 없음을 논할 수 있으며, 무슨 권한으로 좋은 건축은 좋은 인간을 만들고 나쁜 건축은 나쁜 인간을 만든다고 단정 지을 수 있는가. 건축은 정신이 더해진 것이고, 건물은 정신이 빠진 물질로 보는 태도는 그 자체가 데카르트적이다.

배제하는 건축

건축을 공부한 건축가 그리고 건축 전문가는 대체로 건축을 사랑하고 또 아름답게 묘사한다는 공통점이 있다. 건축을 사랑한 나머지 건축의 결정적인 결함을 제대로 보지 않고 오히려 그것을 계속 유지하고 싶어 한다. 또 "건축이란 무엇인가?"라는 답 없는 물음에 매료되어 "건축은 이래야 한다."라고 단정하기 쉬운 직업도 건축가다. 여기서 반드시 알아야 할 것은 건축은 기본적으로 배제하는 데서 시작한다는 사실이다.

건축은 언제나 아름답고 언제나 인간을 생각하며 언제나 환경에 순응하지만은 않았다. 건축에는 완성된 것, 아름다운 것으로만 바라볼 수 없는 사실이 숨어 있다. 건축 속에는 '이기적인 산물'이라는 속성이 있다. 구별하고 제압하려 하고 주변보다 우월하고자 하는 생각은 오늘날에도 변함이 없다. 옛날에는 큰 돌을 세워 땅을 장악했지만, 오늘날 건축은 땅을 파헤쳐 지하 수맥을 끊으며, 단열하고 방수하며 기밀한 창을 두어 공기를 차단하는 일에 열심이고, 하얀색을 유별나게 좋아함으로써 주변과 구분되려고 하는 일이 너무 많이 일어난다.

시간이 많이 흐른 뒤 나타난 근대주의 건축도 기본적으로 배제하는 건축이었다. 순수한 것, 고립된 것, 더 나뉠 수 없는 요소적인 것, 기능에 충실한 것, 효율이 높은 것 등을 최우선으로 여기는 사이 근대건축은 이기적이며 독단적인 건축을 만들어왔다. 에어컨으로 내부 공간에 균질한 환경을 제공하기 위해서는 건물은 밀폐된 외피로 둘러싸이고, 설계한 대로 깨끗하게 잘 남아있어야 했다.

근대의 보편 공간을 제시한 미스 반 데어 로에는 "Less is more.적을수록 더 풍부해진다."라는 말로 자신의 건축 사상과 근대건축의 금욕적 태도를 요약했다. 이 말은 불필요한 것은 모두 떨어버리고 순수한 것, 미니멀한 것, 합리적이고 결정적結晶的인 것만을 추구하는 '청빈의 미학'을 만들었다. 배제하는 건축 사상은 구분하는 근대 도시계획을 낳았다. 건물과 건물은 독립되어야 했고 그렇게 하기 위해 사이에 거리를 두고 떨어져 있어야 했다. 길에서 사람은 보도로만 다니고 보행로에 물건을 내놓은 것은 고려 대상이 되지 않았다.

기능의 합리성만을 강조하여 그 기능에 적합하지 않거나 해당되지 않는 것은 배제한다. 그리고 교실 배치 기능만을 중시해 설계된 학교에서는 학생 각자의 사물함 공간이나 쉬는 시간에 나와서 친구들과 이야기하는 별도의 공간을 배제한다. 도시와 건축에서도 마찬가지다. 일반 주거지역에서 단란 주점이나 장례식장은 배제되며, 제1종 주거지역에서는 아파트가 배제된다. 마찬가지로 도시와 건축은 도로로 구분되며, 건축물은 도시의 가로에서 일정한 선 밖으로는 지을 수가 없으므로 건축물은 그렇게 도시에서 배제된다. 건축물의 경계 밖에 있는 많은 것들이 건축물로 표현되기를 바라지만, 우리의 도시는 이를 구분 짓고 배제하곤 한다.

그런데도 많은 사람은 건축을 아름다운 조형 작업으로 이해한다. 흔히 건축하는 사람들은 건축은 부동산이라고 말하기를 꺼린다. 그럼에도 건축은 부동산이고 재산 형성에 아주 좋은 수단이며, 건축주의 크고 작은 욕망을 실현해주는 수단임을 부정할 수 없다. 건축가는 건축물로 우아한 미학을 실현하고 있다고 여길지 모르나, 분명한 것은 그가 설계하고 있는 건축물은 건축주에게 매우 중요한 부동산과 이익 증식의 방법이며, 권력자의 그릇된 생각을 들어줘야 하는 욕망의 산물이 되기도 한다. 분명한 사실은 건축은 아름다운 조형 작업을 위해서만 존재하는 것이 아니다.

구축의 의지에는 배제의 구조가 곁들여 있다. 배제는 나와는 다른 것, 나의 규칙을 따르지 않는 것을 빼내고 타자를 인정하지 않는 것이다. 그러나 다른 한편으로 건축은 무언가 '타자', 곧 다른 조건, 다른 환경, 다른 자연, 다른 공학 등 내가 생각하는 규칙을 따르지 않는 모든 것을 포함하고 관계를 맺는 일이다.

발터 베냐민Walter Benjamin은 이렇게 말했다. "건축은 예부터 언제나 인간 집단이 오만해서 생긴 예술의 전형이었다." 내 작품, 내 사상, 내 정신의 표현, 내 사업이라는 관점에서 건축을 특별한 존재로 여기고 만들면서 건축물을 주변에서 가장 잘난 기념물, 가장 아름다운 예술품으로 드러내기를 무수히 반복해왔다. 일상적일 때는 건축을 환경과 관련해 말하면서도, 비일상적일 때는 자기를 표현하는 대상물로 여겼음을 잘 알아야 한다.

그러나 이제 구축 의지와 배제라는 건축의 속성은 계속될 수 없는 상황에 놓였다. 1970년대에 건축가 로버트 벤투리Robert Venturi는 이러한 사상에 이의를 제기하는 책 『라스베이거스에서 배우는 것Learning from Las Vegas』을 써냈다.[35] 벤투리는 상업주의적인 발상에서 나온 광고, 간판, 흔히 보는 저급한 건축물에서 장식성, 도상성圖像性을 발견하고 높이 평가하였는데, 이러한 성질은 배제와 청결을 원칙으로 하는 근대건축에 대한 큰 비판이었다. 그는 근대건축의 공간을 창안한 미스의 "Less is more.적을수록 더 풍부해진다."를 빗대어 "Less is bore.적을수록 더 따분하다."라고 표현했다. 오늘의 도시 현실이 그러하기 때문이다.

사람에게 체내 균이 없다면 저항력이 사라져 병에 걸린다. 균이 있음으로써 사람의 면역 체계가 형성되기 때문이다. 건축에서도 마찬가지다. 건축이든 사람과의 관계든 순수하여 배제하는 것만으로는 결국 고립되고 발생적이지 못하게 된다. 완성되지 못한 것, 내가 규정하는 무엇에 미달된 것, 내 영역이 아닌 것…… 이런 것을 내가 어떻게 받아들이는지가 결국 나를 경신한다. 이제는 인간이 건축을 해온 이래로 계속된 구축의 의지와 배제는 크게 수정되어, 아주 작은 건축 공간에서 아주 큰 도시 공간까지 하나로 묶어 총체적으로 그리고 상대적으로 바라볼 때다.

아름다운 것을 열심히 추구하는 예술가형 건축가가 조심할 점이 있다. 영국 건축가 피터 콜린스Peter Collins의 유명한 책『근대건축의 이념과 변화Changing Ideals in Modern Architecture, 1750-1950』의 「미식학적인 유추The Gastronomic Analogy」라는 장에 이런 글이 있다. "'요리사는 만들어지지만, 요리 장인은 태어나는 것'이라고 말한 브릴라 사바랭Brillat Savarin의 격언 No. 15와 같이 1세기 후에 오귀스트 페레Auguste Perret도 이렇게 쓰고 그것을 격언 No. 1로 기록했다. '기술자는 만들어지지만 건축가는 태어나는 것이다.'라고."

이 말은 마치 건축가는 탁월한 재능을 가진 예술가처럼 태어난다고 들릴 것이다. 이 말을 듣고 건축가는 기뻐할 필요가 없다. 예술가형 건축가라고 자칭하고 싶지만 건축가는 기술자일 가능성이 아주 높다는 뜻이다. 콜린스는 이 말 앞에서 이렇게 적었다. "그러나 이와는 달리 모든 젊은 건축가들은 스스로 창조적 예술가로 여기고 있다. 왜냐하면 건축 교육의 모든 체계가 이런 생각을 부추기도록 구성되어 있기 때문이다." 건축가는 태어나야 하는데, 실은 교육기관에서 착실히 길러지는 전문가라는 것이다.

또한 콜린스는 건축이 배타적이라는 점에서 미식이나 연극보다 못하다고 지적했다. "미식학이나 연극 그리고 음악에서 예술가의 독창성이 가치 있는지 없는지를 결정짓는 것은 소수의 전위적인 감정가와 잡지 편집인이라기보다 일반 대중이기 때문에 진귀하다는 사실이 명백히 드러날 수 있다." 이 글은 결국 첫째, 대부분은 건축가와 비슷한 기술자이며 요리사이지, 주방장chef은 되기 어렵다는 것. 둘째, 요리사는 오래전부터 정해진 바를 당연한 것으로 받아들이지만, 건축가는 계속 새것만 찾고 최신의 요리법만을 추구하는 자들이라는 것. 셋째, 건축은 소수의 전위적인 건축가와 그들과 의견을 같이하는 평론가 또는 건축 잡지가 만드는 것이지 대중이 판단한 것이 아니라는 것이다.

사회가 필요로 하는 건물은 건축가의 개인적인 표현, 스타일, 고상한 철학적 언사로 세워지지 않는다. 고상하게 '나'를 표현하는 건축을 '작품'이라고 하고, 사회에 무엇이 필요한지를 모른채 자기도 모르는 말을 고상하게 치장하는 건축가는 자신이 이미 지나가 버린 철새임을 모르고 있다. 나를 기준으로 나를 표현하고 나를 파는 건축가로는 사회에 대응하고 도시의 현실을 만들 수 없다. 고상하게 들리는 미식도 알고 보면 대중이 정하는 것이다. 미식이 이러한데 건축에서는 건축 잡지에서 건축가끼리 주고받는 평가로 희소한 가치를 정하고 있다. 건축에는 이런 배제의 구조가 깊이 자리 잡고 있다. 건축과 건물을 구분하여 건물이라는 개념을 제외하는 등 배제하는 것은 많이 있다.

건축은 짓지 않는다

건축은 세워진 것을 말하지 않는다. 유럽의 전통에서 건축은 본래 방법art, technic을 뜻했다. 따라서 건물과 건축은 다른 것이었다. 그런데 'architecture'가 우리말로 옮겨질 때 건축은 집, 신전, 체육관 등 세워진 건물로 받아들여졌다.

건축은 건물, 짓기, 곧 물질이라는 의미가 없는 기술이었다. 그리스어 'arkhitéktōn'은 원리를 아는 사람, 기술자라는 뜻이 있지만 실제로 건물을 짓지는 않았을 것이라고 한다. 따라서 건축가는 우리가 건물이라고 부르는 무언가를 짓지 않았다. 건물을 짓는 것은 'oikodomos'였다. 플라톤이나 아리스토텔레스는 이 말을 더 많이 사용했다. "물질로 집을 짓는다."라는 뜻이다. 'oikos'는 집이고 'domos'는 짓는다는 말 'demō'에서 나왔다. 건물은 건축가가 짓는 것이 아니라 시공자builder가 지었기 때문이다.

여기에서 중요한 것은 건축은 짓지 않고, 건축가도 짓지 않으며, 짓는 것은 'oikodomos'였다. 이들을 장인 또는 시공자라고 해야 맞을 것이다. 라틴어에서도 건축은 'architectura'이지만, 건축된 것은 'aedificātiō'라고 했다. 영어로 'edifice'다. 미국 건축가 스탠 앨런

Stan Allen은 "건축가는 건물을 짓지 않고, 건물을 위한 도면을 만든다."[36]고 말한다. 이것이 오늘날의 건축가다.

이처럼 건축이라는 말에는 처음부터 물질적인 결과물이라는 개념이 없었다. 그렇기 때문에 건축은 건물과 전혀 다른 입장에서 출발했다. 건축은 건물과 비교하여 우열을 가릴 일도 없고, 건축가가 장인 또는 시공자와 다르다면 전체를 통괄한다는 데 있을까, 물질을 낮추어볼 특권이 있다는 뜻이 아니었다. 그러므로 건축은 건물과 양립하여 생각해야 맞다. 이런 뜻에서 페브스너의 건축/건물 구별은 '미적인 호소'라는 항이 들어 있을 뿐, 두 개를 비교하여 우열을 가릴 일이 아니며 건물을 깎아내릴 일이 아니다.

비트루비우스는 건축에 세 부분이 있다고 말했다. 건물을 세우는 'aedificātiō', 해시계를 만드는 'gnōmōnice' 그리고 기계를 만드는 'māchinātiō'이다. 'aedificātiō'는 성벽을 세우거나 공공 건물을 세우거나 개인의 집을 짓는 것으로 나누었다. 이 내용을 『건축십서』에서 읽고는 옛날에는 건축가가 구분 없이 여러 일을 했구나 하고 지나쳤다. 그런데 잘 보면 건축가는 건물만 지은 것이 아니라 시계도 만들었고 기계도 만들었다는 사실에 놀라게 된다. 그렇다면 用用, 강强, 미美라는 유명한 비트루비우스의 세 개념은 건물만이 아니라, 시계, 기계를 만드는 데도 적용되지 않을까 생각하게 된다. 건축가는 실제의 건물을 만들지 않았고, 시계나 기계도 직접 만들지는 않지만 그 근원적인 원리, 기술을 알고 있었다.

건축가 마크 위글리Mark Wigley는 "건축가는 실제적인 사람이 아니다."라고 했다. 오늘날의 건축가는 본래 '짓는' 행위에 속해 있다고 보지만, 엄밀하게 말해서 집을 '짓는' 이가 아니며, 건물이 현실적으로 지어지도록 '그리는' 이들이다. 집짓기를 위한 형태와 공간을 만드는 자다. 건축가는 집을 짓는 과정에서 벽돌을 쌓거나 콘크리트를 치지 않는다. "건축가는 집을 짓는 사람이 아니다. 건축가는 짓기를 생각하고 숙고하는 사람이다."[37]

건물을 '짓는' 자는 시공자다. 건축법에서도 설계를 짓는 것이 아니라 도면을 '그리는' 일로 규정한다. 건축법에서는 설계를 사상思想을 통하여, 인간에게 소중한 것을 물질과 공간으로 구축하고, 평범한 땅을 생활이 깃드는 장소로 만들며, 공동체가 자랑스럽게 생각하는 환경을 짓는 행위라고 말하지 않는다. 그럼에도 건축가는 집을 짓는 과정 전체build-ing를 통괄한다. 건설은 짓는 것을 말하지만, 집을 짓는 과정 전체란 건설의 공정을 넘어 건물에 관계하는 수많은 사람의 생활에 깊이 관여하는 것이다.

건물의 의의

건축사가 스피로 코스토프Spiro Kostof는 건축과 건물을 구별하게 된 이유와 둘의 구별이 옳지 못하다는 논지를 평이하지만 사려 깊게 말해주었다.[38] 그의 주장은 다음과 같다.

① 건축가가 건축과 건물을 차별하는 것처럼 건축사도 건축가와 똑같이 차별한다. 건물은 전문가가 손대지 않고 사용하는 사람들이 만들어 사는 것으로 본다.

② 건축가는 건축이 기능과 구조상 실제적 필요를 초월한 것, 의식적, 미적 형태를 창조하는 고급 예술이라고 생각한다.

③ 건축을 이렇게 생각하게 된 이유는 미美를 용用과 강強과 구별했기 때문이다. 미가 건축을 예술로 만든다. 미는 기쁨인데 이것을 잘 다루는 전문가를 건축가로 보았고, 용과 강을 다루는 기사나 시공업자와 구별했다.

④ 결국 미는 부자, 권력자 등 사회의 최상층이 소유하는 호사스러운 것으로 보았다. 건축사도 이것을 따랐다. 귀족적인 견해를 가지고 건축의 세계를 바라보게 되었다. 건축사는 기념물의 역사가 되어버렸다.

⑤ 미, 곧 기쁨은 고상한 건축에서만 나오지 않는다. 건축 자격이 없고 건축가가 돕지 않은 건물에서도 기쁨과 미는 얼마든지 있다. 그 안에도 충분히 아름다움이 질서를 가지고 세워져 있고, 전문가의 계산된 디자인으로도 포착하기 어려운 기쁨을 담고 있다. 공공의 기념물 곧 건축도 건물과 함께 있

는 존재임을 잊지 말아야 한다.

⑥ 　건축과 건물, 건축과 엔지니어링, 건축과 투기적 판매를 위한 건축 개발은 차별하고 구분해서 정의하지 말아야 하며 동등하게 다루어야 한다. 각 문화의 건축적 업적에도 차이나 차별 없이 똑같이 경의를 표해야 한다.

근대화 과정에서 건축은 상징적 존재였으며, 무수히 지어진 건물은 경제적 행위였다. 그러나 이런 거대한 움직임 속에서 건축물을 이용하는 사람, 안에서 살 사람의 의견이나 참여를 소홀히 해왔다. 21세기가 되면서 근대사회가 축적한 기술과 건축의 스토크[39]가 넘치게 되었다. 그리고 이런 사회적인 스토크를 자유롭게 이용할 수 있는 환경이 갖추어지기 시작했다. 건물이 건축의 주제가 되기 시작한 것이다.

짓기 build-ing

사람은 토목 구조물을 이용하지만 거주하지는 않는다. 토목 구조물은 수학적이며 역학적이고 경제적인 이유를 객관적으로 비교해 결정되므로 이 설계는 수치적이고 추상적이다. 그러나 건축은 사람이 거주하기 위하여 만들어지는 구조물이므로 늘 사람과 관련된다. 사람이 개입함으로써 수치적인 것만으로 결정할 수 없는 불확정한 요인이 늘 나타난다. 다리나 도로로 지나다니지만, 사람은 건축물 안에서 누군가와 일생을 살아간다. 그리고 함께 사는 이들과 미래를 계획하고 행복을 기원한다. 도로나 다리에서 도저히 생각할 수 없는 행위가 건축물 안에서 늘 일어난다.

　　건축물과 토목 구조물은 세운다는 점에서 같다. 건축과 토목을 혼동하는 사람이 많은데 구별 방법은 간단하다. 집은 세우거나 짓는 것이지 만든다고 하지 않는다. 그러나 다리는 만들거나 세운다고 하지 짓는다고 하지 않는다. 만드는 것은 짓는 것과 다르다. '짓다'는 사람이 살아가며 아주 소중한 것을 만들 때 사용한다. 밥과 옷과 집은 살림살이를 말하고 스스로 밥과 옷과 집을 지으면 어른이라 했다.[40] '만들다'와 '짓다'는 다르다. 밥은 짓는다고 하지 만든다고 하지 않으며, 옷도 집도 만들지 않고 짓는다고 한다. 이것은 매우 중요한 구분이다. '글짓기' '시 짓기' '소설 짓기'라고 하지 '글 만들기' '시 만들기' '소설 만들기'라고 하지 않는 것과 같다. '짓다'는 매우 중요한 창조의 동사다. '지음'은 우리 삶을 이루는 바탕이 되도록 새롭게 일으키는 몸짓이나 모습이기 때문이다. 건축을 사전에서 찾으면 "짓는 방식 또는 짓는 과학"이라고 풀이한다. 그러나 우리는 이 설명을 주목하지 않는 듯하다. 짓지 않으면 짓는 방식이나 과학이 있을 리 없다. 따라서 '짓는 것building'은 건축의 선행 조건이다.

집을 짓는다고 할 때 '짓다'는 그저 물체를 기대고 쌓아 올리는 행위가 아니다. 거주에 깊은 관계가 있어 짓는다고 하는 것이다. 영어로 'build'의 어원은 'house'에서 나온 동사 'byldan'인데 이 또한 집을 짓는다는 뜻이다. 이 동사는 원시 게르만어인 'buthla-'에서 나왔는데, 'bhu-'는 거주한다, 'bheue-'는 존재한다, 성장한다는 뜻이다. 따라서 집을 '짓는 것'은 존재하고be 성장하고grow 거주하기dwell 위해서다. 우리말과 영어만 보아도 '짓기'에 깊은 의미를 부여하고 있다.

'timber'라는 단어는 목재라는 뜻이지만, 더 정확하게는 건물 재료, 건물에 맞는 나무를 말한다. 이 단어는 원시 게르만어인 'timran건물, 방'에서 나온 것이며, 'timran'은 'deme-'에서 나왔다. 'deme-'는 그리스어 domos집, 라틴어 domus집의 어원이다. 목재란 나무가 먼저 있는 것이 아니다. 따라서 목재는 집을 짓는 나무다. 집이 먼저 있었고 그것을 가능하게 해주는 재료는 나중에 이름 지어졌다. 곧 물질로 집이 만들어지는 것이 아니라, 집이라는 관념이 있고 그것에 따라 집을 짓는 물질이 생겼다.

'건물'은 기술자가 짓는 것이지만, '건축'은 건축가가 설계하는 것이라는 생각은 이미 19세기에 만연해 있었다. 이러한 태도는 르네상스 건축가 레온 바티스타 알베르티Leon Battista Alberti로 거슬러 올라간다. 알베르티는 "현장감독은 하지 마라. 시공이 실패한 것에 책임을 지지 않는 것이 좋다."라고 말했다. 그 정도로 건축가의 일은 설계이고 시공은 건축가의 책무로부터 끊어냈다. 이 말은 르네상스 이전, 그러니까 중세에 건축가는 없었고 책임 석공master mason만 있었다는 것이 된다. 그러나 그 책임 석공은 건축가라고 불리지는 않았으나 설계의 구상자였고 시공의 책임자였다. 설계만 책임지는 것이 건축가라면 중세에 건축가는 없었다.[41]

설계와 시공을 분리하는 알베르티의 주장은 구상하는 것과 짓는 것을 분리하고, 대신 건물이란 건축가의 설계를 그대로 카피한 것이라는 관념을 낳았다. 건축가는 원작자이자 생각하는 사람이고, 시공자는 원작자의 의도에 따라 만드는 사람이라는 인식이었다. '건물'은 실용을 위주로 하지만, '건축'은 역사와 문화를 담은 예술이 되었다. 그런데 역전 현상이 일어났다. 근대건축의 길은 역사주의적인 '건축'이 아니라 즉물적 사물인 '건물'이 열었다.

이제 'building'에서 짓기라는 의미에 주목해야 한다. 하이데거가 강조했듯 구체적인 물질과 사물로 '짓기'가 인간을 거주하게 한다. 『인덱스 건축INDEX Architecture』에는 building에 대한 흥미로운 의견 두 가지가 있다. building은 'building짓기'이자 'build+-ing짓고 있는 것'이다.[42] 이것을 짓기, 짓는 과정, 지어지는 과정으로 본다면 이제까지 알지 못했던 다른 의미를 발견할 수 있다.

알바로 시자Álvaro Siza는 에세이 「건축: 시작-끝Architecture: Beginning-End」[43]에서 이렇게 말했다.

시작Beginning

① 스케치에서 상상한 선을 따라 땅 위에 박은 말뚝을 처음으로 보는 것. 어쩌면 그 스케치를 수정하는 것.

② 기초가 구체화되어 땅에 새겨진 프로젝트를 처음으로 보는 것. 폼페이 유적과 똑같기도 하고 또 전혀 다르기도 하다.

③ 원했던 높이까지 들어 올린 벽을 처음으로 보는 것. 그 안에 내가 있음을 느끼고, 또 멀리서 그것을 바라본다. 기억 속에 있는 전체의 단편이 연속하고 있는 듯이 음미하면서 땅을

걷는다. 나를 둘러싼 물질을 보고 그것 너머를 본다. 개구부와 그것을 통해 드러나는 것이 서로 이어져 있음을 발견한다. 있지도 않은 문을 이 각도로도 들어가 보고 또 다른 각도로도 들어가보는 것. 이 집에서 일어나는 생활 중 어느 하루를 빠르게 상상해보는 것. 그 집 안을 채우게 될 만남과 스쳐 지나감, 기쁨과 아픔, 피와 활력, 기꺼이 받아들인 지루함과 열정, 매력과 무관심을 무시하지 않는 것.

④ 몇 개월 뒤 덮인 공간과 열린 공간을 돌아보는 것. 밀도, 정렬, 결렬, 빛을 감상하는 것. 빛은 시간이 변할 때마다 붙잡기도 하고 놓아주기도 한다.

⑤ 마감하는 것. 색깔을 칠하는 것. 만지는 것. 간혹 보이는 것과 계속 보게 되는 것을 조정하는 것. 소리와 침묵에 귀를 기울이고, 공간에서 나오는 냄새와 맛을 느끼는 것. 예행연습해 보고 이것을 계속 수정할 수 있을 것.

⑥ 날아다니는 것. 보이는 것 모두가 그 집에 속해 있다고 인식하는 것. 아니면 반대로 그 집이 모두에게 소유되고 있음을 인식하는 것. 침입자가 아니라 이와 정반대가 되는 것. 보이지 않는 것, 이미 보이지 않게 된 것을 모두 포함하는 것.

끝End
번역이 잘못된 부정확한 말. 시작이라는 말로 바꿀 말.

'짓기building'는 '점진적인 변화의 상태a state of evolving'⁴⁴다. 물질적인 것과 비물질적인 것의 구축이라고 정의한 바 있는데, 이제는 물질적인 것과 비물질적인 것 그리고 이 둘 사이의 무엇을 구축하는 것이다. 스티븐 홀Steven Holl은 "사람들을 건축 세상의 바깥으로 데려가는 공간을 짓는 것"이라고도 표현했다. 앞에서 말한 것과 다를 바 없다.

건축의 가치는 공간 안에 형체를 만드는 데서 나오지 않는다. 그것은 공간 안의 관계를 기르는 것이다. 건축가란 대상을 설계하는 사람이 아니라 과정의 전략을 짜는 사람, 조정하는 사람이다. 이렇게 보면 건축은 과정이다.[45] 그 과정을 통해서 공간 안의 물질적인 행위나 비물질적인 행위가 규정된다. 그 결과 건축은 중력에 대항하는 물리적 존재만은 아니게 된다. 건축은 시간과 공간 안에서 정보와 물질과 관계 맺는다. 그래서 건축은 과정이지 결과가 아니다.

사람은 왜 건축을 하는가

세계를 만든다

사람은 왜 건축을 하는가? 아주 쉬운 질문이다. 그러나 건축을 전문으로 하는 사람도 자주 하지 않는 질문이다. 전문으로 하는 사람들도 묻지 않는데, 그렇지 않은 사람들이 이런 질문을 할 리 없다. 아리스토텔레스는 이 질문에 "건축과 도시는 인간에게 쉼과 행복을 주기 위한 것이다."라고 답했다. 건축물이 지어지는 가장 근본적인 이유는 매일매일 반복되는 생활이 일어나는 곳에서 인간에게 쉼과 행복을 주는 데 있다.

　　동물의 둥지와 사람의 집이 크게 다른 점이 있다. 사람은 함께 살기 위해 집을 짓고 그곳에 친한 사람을 불러들이지만, 동물은 둥지에 다른 동물을 불러들이지 않는다. 동화책에는 토끼가 곰도 부르지만 현실의 둥지에서는 절대 그런 일이 없다. 누군가를 부르고 초대하고 찾아가는 공간과 장소는 사람의 집에만 있다. 사람은 왜 집을 짓는가? 사람들과 함께 살기 위해서다.

　　보통 교과서에는 사람이 비바람을 막고 그것으로부터 안전해지려고 숨을 곳shelter을 짓는다고 나와 있다. 그러나 프랑스의 인류학자 앙드레 르루아구랑André Leroi-Gourhan은 『몸짓과 말Le Geste et la Parole』에서 그렇게 설명하지 않았다. 사람이 집을 지은 이유는 비바람을 막기 위해서가 아니라고 했다. 물론 그것도 집을 짓는 한 가지 이유이다. 그는 사람이 자기 자신을 감싸는 알 수 없는 세계, 아주 먼 옛날 사람들에게 불가사의함에 가득 차 있는 세계, 우주와 자기를 관계 짓기 위해서 건축이 만들어졌다고 했다. 참으로 사람이 집을 짓는 이유를 가장 명확하게 말했다. 이어서 그는 사람이 말을 함과 동시에 건축을 만들었다고 했다. 건축은 언어만큼이나 중요한 것이다. 건축은 말과 함께 인간이 세계를 인식하기 위한 도구다.

건축은 어딘가 숨기 위해 격리되거나 자기 만족적인 가공품이 아니다. 건축은 우리의 관심과 실존적 경험을 보다 넓은 지평으로 향하도록 이끈다. 그래서 건축은 본질적으로 자연을 인간이 만든 영역으로 확장하면서 세계를 경험하고 이해하기 위한 지평과 지각의 근거를 마련해준다. 건축은 실존적 경험, 곧 세계 안에서 자기가 존재한다는 감각을 강화해준다. 건축을 하려고 건축학과에 들어와 건축을 공부하고 수련을 하고 실무자로 일을 한다. 그러나 건축가가 되려는 사람만이 아니라 그렇지 않은 사람들도 건축을 한다. 건축한다는 것의 본질은 집을 짓는 것만이 아니다. 그것은 하나의 세계를 만드는 것이다.

그 세계는 시간에 따라 변하고 자라나는 세계다. 따라서 건축을 한다는 것은 시간에 따라 변하고 자라나는 세계를 만드는 것이다. 먼저 건축은 한 해의 순환, 즉 태양이 지나가는 길과 낮의 흐름을 구체화하여 지각할 수 있게 해준다. 이런 시간 속에서 건축은 일상적 생활환경과 사회제도에 개념적이며 물질적인 구조를 부여한다. 건축을 한다는 것은 구상하고 스케치하고 도면을 그리고 시공 현장에 나가는 것이 다가 아니다. 시간에 따라 자라나는 자유로운 세계를 만드는 것이다.

건축하는 이들은 이런 말을 많이 한다. "건축은 어떻게 설계하고 잘 지을 것인가라는 공학적 관심이 아니다. 건축 속에서 살아가는 우리는 누구이고 어떻게 살아야 하느냐는 인문학적 관점으로 바라보아야 한다." 그러나 이것은 크게 잘못된 말이다. 건축에 공학적 관심과 인문학적 관점이 따로 있는 게 아니다. 공학에 없는 바를 인문학의 향기가 채워주는 듯 건축을 설명하는 태도는 참으로 무익하다. 이미 건축은 저 옛날 우리는 누구이고 어떻게 살아가야 하는가를 물었고, 어떻게 세계와 관계를 맺을까 고민했다. 그래서 집을 어떻게 설계하고 잘 지을 것인가에 집중해왔다. 미국 지리학자 이푸 투안Yi-Fu Tuan은 "위대한 도시는 돌로 만든 구축이자 말로 만든 구축으로 볼 수 있다."라고 했다. 건축도 이와 똑같이 말해야 한다. 건축은 돌로 만든 구축이자 말로 만든 구축이다. 누구이고 어떻게 살아가야 하는가를 묻기 위해 돌로 만든 공학적 구축이다.

원시시대에 집을 세우는 것은 가장 큰 공동 작업이었다. 사람은 모두 자신을 주위의 세계와 관계 맺어야 살 수 있는 존재이기 때문이다. 모든 사람은 그 존재의 본질에서 건축가이다. 사람은 서로 모여 집을 짓지 않으면 살 수 없음을 선언한 것이다. 그것은 함께 살기 위한 질서를 만드는 일이었다. 집과 마을을 지음으로써 사람들은 함께 사는 사회의 질서를 세울 수 있었다.

미와 공유

비트루비우스가 말한 '미美, venustas'에 대하여는 더 알아둘 필요가 있다. 미라고 하면 단순히 감성적인 것, 눈으로 보아 아름다운 것이라고 여긴다. 그러나 고전적 세계에서 미는 이성으로 이해되는 치수비례와, 감각으로 얻어지는 구도라는 두 가지 측면이 있었다. "미의 이치는 건물의 외관이 좋고 우아하며, 지체의 치수 관계가 바른 심메트리아symmetria의 이론을 갖는 경우에만 얻어진다." 고전건축의 미란 이성으로 이해되는 양적인 질서와, 감각으로 얻어지는 질적인 질서가 잘 공존하는 경우에만 달성된다는 뜻이다.

우리가 설계하며 공간 안에 기둥을 배열할 때, 그것을 각기둥으로 할지 원기둥으로 할지를 정한다. 사람이 머무는 테라스나 로비 한가운데 있는 기둥은 사람들이 옆을 많이 지나다녀 거의 원기둥으로 만든다. 기둥의 두께는 구조적으로 필요한 단면으로 정하지만, 위아래에 있는 다른 부재의 관계를 눈으로 보고 수정하기도 한다. 곧 기둥의 배열이나 크기에는 힘의 관계를 정하는 이성과, 사람이 어떻게 그 기둥을 느끼며 다른 부재와 어떤 비례를 가질 것인가 하는 감성이 함께 작용한다. 비트루비우스의 책에서 말하는 미는 이성과 감성의 합으로 이루어진 것이었다. 이는 방의 크기, 창호에 붙는 작은 디테일, 건물 전체의 조형성 등을 구상할 때 언제나 나타난다.

그런데 1624년 헨리 우튼 경Sir Henry Wotton이 비트루비우스가 말한 용utilitas, 강firmitas, 미venustas를 영어로 각각 'commodity' 'firmness' 'delight'라고 번역했다.[46] 그중에서도 venustas를 'beauty 아름다움'가 아닌, 'delight기쁨'라고 번역한 점이 눈길을 끈다. 그러나 여기서 'delight'가 어떤 의미가 있는지 크게 주목하지 않았으며, 이에 대한 특별한 해석도 없었다.

'delight'란 사람을 기쁘게 하고 큰 즐거움을 가져다주는 것들을 가리킨다. 이를테면 "the delights of living in the country시골 생활이 주는 큰 즐거움"이라는 표현이 그렇다. 이 'delight'는 시골 생활이 주는 큰 기쁨과 같으며, 단지 예술적인 아름다움만을 나타내지 않는다. 이는 사람이 견고하게 지은 집 안에서 살아가면서 천천히 자기도 모르는 사이에 얻게 되는 큰 기쁨을 말한다.

건축의 아름다움이란 건축물에만 있지 않다. 건축이 땅 위에 서고 하늘 아래 놓인 채, 계절과 시간에 따라 변하는 빛을 받으며 스스로 변해가면서도 계속 서 있게 만들어진 데서 기쁨을 느낀다. 제각기 고유성을 가지고 이미 아름다운 땅에 놓이는 건축물은 아름답고 또 큰 기쁨을 준다.

집은 나의 신체를 에워싸며, 나와 밖의 세계를 이어준다. 나의 신체가 이 세계 한가운데 있음을 알려주는 것은 집이다. 집은 나의 신체를 에워싼다. 해가 지면 집은 내 몸을 에워싼 옷만큼이나 가까운 존재다. 그 안에 내가 있다는 감각. 그것이 건축이 주는 기쁨이다. 어두워지면 집에서는 불빛이 나타나고 사람들이 모여 앉는다. 밤의 불빛은 사람들을 더욱 가깝게 한다. 이러한 기쁨을 어떻게 아름다움이라는 말로 표현해낼 수 있겠는가.

건축이 인간에게 커다란 기쁨이 되는 것은 건축이 빛 아래에 놓이기 때문이다. 빛은 인간의 마음에 커다란 기쁨을 준다. 그런데 건축은 빛 아래에 놓이고 빛을 주며, 사람이 빛을 보게 만들고, 건축을 통해 인간은 빛이 얼마나 소중한가를 더 잘 깨달을 수 있다. 건축물을 통해서 본 빛은 자연의 위대함을 느끼게 해주고 깊은 경이의 기쁨을 준다.

어느 수도회의 사도의 모후집 성당과 피정집을 설계한 적 있다. 나는 축복 미사에서 이렇게 인사말을 했다. "사람은 집을 짓기 시작할 때 모두 기뻐합니다. 그리고 집을 짓고 나서 더욱 기뻐합니다. 집을 설계한 사람이나, 집을 지은 사람이나, 그리고 집에서 살게 될 사람 모두 똑같은 기쁨을 나누게 됩니다. 왜냐하면 모든 인간은 그 존재의 본질에서 건축가이기 때문입니다. 단순히 생각하면 건축은 단지 돌과 콘크리트로 이루어진 구조물에 지나지 않을 수도 있습니다. 그러나 사람은 건축을 통해 인간 공동의 것을 바라고, 기뻐하며, 함께 사는 희망을 이렇듯 건물 속에 담습니다. 이렇게 보면 집을 짓는다는 것은 우리가 이루어야 할 바, 곧 '공동선'을 이루는 또 다른 아주 평범한 방식입니다."

건축을 예술이라고 한다면, 그것은 모든 사람이 공유하는 사회적인 예술이다. 건축으로 모든 사람이 함께 사용하고 나누는 자체가 기쁨이다. 나 혼자서 보고 느끼는 기쁨이 아니라, 우리 안에 공통으로 잠재해 있는 기쁨을 드러내는 것이 건축이다.

우리 건축법은 이렇게 시작한다. "제1조(목적) 이 법은 건축물의 대지·구조·설비 기준 및 용도 등을 정하여 건축물의 안전·기능·환경 및 미관을 향상시킴으로써 공공복리의 증진에 이바지함을 목적으로 한다."

우리나라는 건축에서 대지, 구조, 설비, 용도, 안전, 기능, 환경, 미관에만 관심이 있다. 그러니까 우리 건축법은 비트루비우스의 건축의 세 가지 조건[47]인 '용' '강'만이 중요하다. 그런데 이 '용'과 '강'은 어떻게 세울지에 관한 것이다. 건축사가 건축법과 건축사법에 따라 설계 대가를 받는데, 건축법의 목적이 이러하므로 건축사는 어떻게 세울 것인가에 대한 대가만을 받는다.

그런데 '미'는 사실 아름다움이 아니다. 그것은 건물의 가치를 말하며 건축물을 왜 세우는가에 대한 가치를 사회와 문화에서 찾고자 하는 것이다. 프랑스 건축법 첫머리는 "건축은 문화를 표현하는 것이다."라고 말하고 있는데, "건축은 왜 세우는가 하면 그것이 문화를 표현하기 때문이다."라고 바꿔 말할 수 있다. 왜 사회와 문화를 말하는가? 건축물의 아름다움이 예술적이고, 예술적인 것은 문화이기 때문이라고 잘못 생각해서는 안 된다. 그것은 사회와 문화가 곧 사람들이 살아야 할 곳, 사람들이 있을 자리라는 것이며, 따라서 현대의 물리적인 환경이나 생활 습관을 전제로 건물을 세워야 한다는 뜻이다.

건축학과에는 "건축물은 왜 세우는가?"에 대한 과목이 참 많다. 또 건축가들도 자신이 왜 이런 건축을 하는가에 많은 관심을 기울이고 그것으로 자신의 건축을 설명하고자 애쓴다. 그러나 건축법에 따르면 그 질문을 잘했다고 건축사에게 설계 대가를 지급하지는 않는다.

'미'는 아름다움이 아니라, 건축물을 왜 세우는가에 관한 것이라고 했다. 대답은 이렇다. 사람은 수많은 것을 만들어낸다. 그 중에는 세상을 바꾸는 대단한 힘을 가진 것이 많다. 원자에너지는 막대한 힘으로 세상을 근본적으로 바꾸어놓고, 미세한 전류의 흐름으로 상상할 수 없는 방대한 양의 정보를 저장하고 가공한다. 그러나 이것이 사람이 살아가는 목적은 아니다. 그것은 살아가기 위한 한 가지 수단일 따름이다.

건축물은 어떤가? 건축은 사람이 살아가는 목적 그 자체이며, 사람이 살아가는 방식을 짓는 것이다. 그래서 건축은 인간의 생활과 문화와 생산과 전체적인 관계를 맺고 있다. 따라서 사람이 만들어낸 것 중에서 가장 훌륭한 것은 건축과 도시다.

건축에서 '미'는 다름 아닌 이에 대한 대답이다. 그래서 건축은 사람들이 크게 만족하는 '기쁨'을 주며, 모든 사람이 공유하는 사회적인 예술이 성립한다. 사람이 공동으로 무언가를 만들어 세우고 그것을 집단과 사회가 소중하게 여기는, 건축의 원초적인 모습이 바로 '기쁨'의 본뜻이다. 이것은 건축을 세우는 원점이다. 원점에 돌아가려면 이제까지와는 달리 사람과 사람이 마음을 합하는 행위가 있어야 하는데, 이 행위가 앞으로의 인간관계나 사회다. 지금도 건축가라면 누구나 사람을 위한 건축, 사람이 모이는 새로운 형태의 장소를 만들려고 노력한다. 그러나 현실은 그렇지 못하다. 건축에서 사회나 공동체를 말하지만 현실은 세상과 그대로 이어지지 못하고 어긋나 있다. 세계경제는 공공 공간이나 공동체를 위한 장을 무시하고 경제적 효율성을 위해 사회를 개인으로 분해하고 공동체를 해체하려고 한다. 오늘날 건축가는 광범위한 사회에 잘 편입되어 있지 못한 탓에, 건축을 개인의 이름으로 설계하고 있으며 설계한 건물이 예술 작품으로 평가되기를 바라고 있다. 그리고 건축으로 눈에 보이지 않는 자본을 축적하고 이를 시각화하는 것이 건축가의 역할이 되고 있다.

앞으로의 건축은 건축가 개인에 따른 표현의 문제가 아니다. 사회를 이루는 많은 사람을 향하는 새로운 건축을 세울 수 있어야 한다. 이런 가운데 헨리 우튼이 '미'를 번역한 '기쁨'에 대해 논의하는 것은 내가 만든 건축이 과연 무엇이며, 누구를 향해서 만드는 것인가를 다시 생각하는 중요한 바탕이다.

용과 목적

비트루비우스의 '용' '강' '미'에서 '강'은 주로 기술의 영역이며 견고한 물체와 지속하는 가치에 관한 것이다. '용'은 쓸모 있다는 뜻이지만 결국 사람의 생활에 관한 것이다. 건축이 사람의 실생활에 쓸모 있도록 지어지는 것임은 자명하다. 집을 지으려는 사람 또는 사회가 건축가에게 설계를 부탁하기 이전에 이미 나타나 있는 것이다. 따라서 '용'은 건축가에게서 비롯하는 원리가 아니다. 다만 건축가는 '용'을 이해하고 해석하며, 장소와 공간으로 번역해간다.

집의 유용성에 대하여 가장 처음 학문적으로 언급한 이는 아리스토텔레스였다. 그는 "집은 재산ktēmata을 향해, 또 사는 사람들의 건강hygieia과 쾌적한 일상생활euēmeria을 향해 준비되어야 한다."라고 말했다. "재산을 향해 준비한다."는 것은 일상생활에 유익한 편리한 집을 말한다. 만일 아리스토텔레스의 말대로 건축을 생각한다면, 건축의 '용'이란 건강한 것, 쾌적한 것, 편리한 것이라는 세 가지 조건을 뜻한다.

오늘날에 와서는 이 '용'은 기능으로 해석되었고, 기계를 모델로 한 능률을 가장 중요한 지표로 삼았다. 건물의 쓰임새를 더욱 효율적인 것으로 만들기 위한 수단을 기술로 보았고, 기술을 수단으로 정교하게 만들면 건물을 기계처럼 쓸모없음을 없애고 유익하게 사용할 수 있다고 보았다. 이런 태도는 오늘날에 여전히 만연해 있는 일반적인 생각이다. 이런 이유에서 '용'은 건축의 효용성 문제가 되고, 기능적으로 분화한 건물 유형을 과학적으로 접근하는 건축계획의 영역에서 다루었다.

그러나 이 '용'은 그 건축물이 지어져야 하는 본래의 목적이다. 학교 건물을 그렇게 많이 지어왔지만 합리적인 이유만 만족한다고 해서 좋은 학교가 생기는 것이 아님을 이미 우리는 잘 알고 있다. 따라서 기능적이고 효율적인 것을 만족하면서도 그것을 넘어서 그 건축물이 어떤 목적으로 지어지는가 하는 물음으로 늘 되돌아가서 건축설계를 생각해야 한다. 따라서 이 '용'을 건축물의 효용성을 달성하기 위한 수단으로 보지 않고, 건물의 목적을 깊이 살핌으로써 현대의 다양하고 가치 있는 용도를 다시 발견하여 보편적이며 진정성을 담은 생활이 이루어지는 물리적인 환경으로 바꾸어나가야 한다.

'용'이 쓰임새라고 하여 효율적이고 경제적인 쓰임새만을 연상해서는 안 된다. 오늘날에는 사용자의 요구 조건, 시설과 건물 유형, 공간 안에서의 행위와 프로그램, 사건과 놀이, 참여와 공유, 소유와 점유, 일상과 반복, 시설과 장소 등에 관한 논의가 모두 '용'과 관련되어 있다. 더 나아가 거주하는 것, 실존적 공간, 공공영역과 사적 영역, 사람 간의 연대성, 개인과 전체의 문제, 집합과 공간 등의 주제도 '용'에 관한 것이다.

여기에는 쾌적함도 속한다. 아마도 동서고금을 막론하고 가장 오래된 쾌적함은 '여름에는 시원하게 겨울에는 따듯하게'일 것이다. 건강만이 아니라 환경에 대한 감각을 말하는 것이다. 요란한 소리가 나는 강렬한 분위기의 록 페스티벌이 열리는 장소의 감각과, 창호지를 통해 강렬한 빛이 새어 들어오고 방 안에서 향불이 피어나는 가운데 낮은 목소리로 경을 읽는 소리가 들리는 산사라는 장소의 감각은 다르다. 록 페스티벌이 열리는 장소에 산사의 나지막한 소리나 냄새나 빛이 있어서는 안 되고, 반대로 나지막한 소리가 흐르는 산사에 강력한 불빛에 흥분되는 전자 기타 소리가 들려서는 안 된다. 이렇듯이 쾌적함도 결국은 본래의 용도와 목적과 관련되어 있으며, 쾌적한 공기와 온도와 같은 환경제어만 다룰 것이 아니다.

건축이 만드는 것

건축이란 무엇인가
답이 없는 질문

"인간이란 무엇인가?"처럼 "-은 무엇인가?" 묻는 경우가 많다. 대부분은 분명히 답할 수 없음을 알기 때문에 이런 질문으로 건축의 논의를 시작한다. 마치 "인생이란 무엇인가?"라는 책을 읽었다고 해서 인생에 대한 진정한 의미를 다 알았다고 할 수 없는 것과 같다. "건축이란 무엇인가?"라는 질문도 많고 그에 대한 대답도 너무 많다. 너무 많아서 이 질문이 답을 얻기 위한 물음이 아님도 이미 잘 알고 있다.

사전적 의미로 시작하는 것은 진부하지만 "건축이란 무엇인가?"에 대한 가장 흔한 정의는 사전에서 풀이하고 있는 내용이다. 사전에서 말하는 'architecture'란 "미적이며 기능적인 기준을 지키며 구조물을 설계하고 짓는 예술과 과학" 또는 "그러한 원리를 따라 지어진 구조물들"[48]이다.

그러나 이 정의는 건축을 기계와 별반 다를 바 없는 기능과 구조라는 측면에서 말한 것에 지나지 않는다. 이러한 정의에 얽

매인 탓에 건축이 즉물적인 산물로만 받아들여지는 경우가 많다. 'building'은 "움직이는 구조물과 거주를 목적으로 하지 않은 구조물과 구별되고 주거나 상업, 산업 등을 위해 어느 정도 닫힌 영구적인 구조물"이다. 그러나 이런 정의는 아무런 자극과 영감을 불러일으키지 못하므로 무의미하다.

비트루비우스는 『건축십서』에서 건축에 대해 설명했지만 건축을 정의하지 않는다. 건축을 정의하는 것이 그가 책을 쓴 목적은 아니었다. 그러나 시간이 한참 흐른 뒤 르 코르뷔지에는 건축을 여러모로 정의했다. "건축이란 자각적 의욕에서 비롯하는 행위다." "건축이란 매스의 조합이 빛 속에서 엮이는 지적이며 정확하고 장려한 연출이다." "건축은 질서를 세우는 것이다." "건축이란 빛에 비치는 바닥이다." "모든 것이 건축이며, 모든 것이 도시계획이다."라고도 했다. 코르뷔지에도 그때그때의 사정에 따라 말한 것이어서 답은 산만하다. 차라리 "건축을 어떻게 생각하는가?"에 대한 답이 아닐까.

"건축이란 무엇인가?"라는 질문은 건축 '안'에 있는, 무언가 건축답게 만드는 본질이 있음을 전제로 삼는다. 마치 질문을 하면 답을 얻을 것처럼 보인다. 또 이런 질문은 건축이 무엇인지 사전에 결정된 듯 들리지만, 대답은 모두 사적인 견해에 지나지 않는다. 따라서 이 질문은 건축가의 개인 언어나 신념에 관한 것인 경우가 허다하다. 모든 것이 그러하듯 사물의 의미는 사전에 결정되어 있지 않다. 오히려 좋은 건축을 만들려면 이런 질문을 하지 않는 것이 더 좋다.

건축은 시대에 따라 다른 것을 모델로 삼는 경우가 많았다. 18세기 중반부터 생물학이 과학을 주도하면 생물학을, 기계가 주도하면 기계를 모델로 삼았다. 기능주의는 미식이나 언어를 건축의 모델로 삼기도 했다. 그러다가 근대건축에서는 기계를 모델로 삼았고, 일본의 메타볼리즘Metabolism[49]은 생물의 신진대사를, 현대건축은 분자생물학 등을 모델로 삼고 있다. 건축은 특히 그 시대의 과학을 참조하는 경우가 많은데 과학이 진보하면 건축도 진보

해야 한다고 여겼기 때문이다. 건축은 그 시대의 대세가 되는 분야를 동경하고 이를 자기 논리로 번역해왔다. 그렇지만 "건축이란 무엇인가?"의 답인 '무엇'은 정해져 있지 않았다.

이 질문을 던지며 철학적인 답을 얻으려 하기보다 "사람은 왜 모여 사는가?"를 묻는 편이 훨씬 유익하고, "집합주택이란 무엇인가?"에 답하는 것이 훨씬 낫다. 사람은 그냥 모여 살지 않는다. 모여 사는 이유가 반드시 있다. 사람이 모여 사는 이유를 모르는데, "건축이란 무엇인가?"라는 물음에 답을 할 수 있을까. 인간은 서로 기대고 살아야 하는 존재이기 때문에 아름다운 공동체를 이루기 위하여 건축을 한다고 말하는 것은 대답이 될 수 없다. 오늘날의 집합주택은 모여 있지만 단위 주거 하나하나는 서로 간섭하지 않는다. 그런데도 모여 산다고 '집합주택'이니 '공동주택'이라는 이름을 붙일 뿐이다. 이런 상태로 건축이란 "미적이며 기능적인 기준을 지키며 구조물을 설계하는, 짓는 예술과 과학"이라고 정의한들 아무것도 해결되지 않는다.

건축은 어떻게 지어지는가

"건축은 무엇인가?"는 실체적인 물질과 수법으로 건축물을 있게 만드는 '있음'에 대한 물음이다. 그러나 건축은 사전에 정해진 것을 그대로 옮겨놓는 것이 아니다. 건축은 안과 밖의 힘을 무언가의 다른 모습으로 바꾸기 위해 지어지는 것이다. 따라서 "건축은 무엇인가?"가 아니라, "건축은 어떻게 지어지는가?"라는 '되어감'에 대한 물음이 훨씬 중요하다.

집이라는 개념은 어떤 사람이 안에 들어가 산다는 행위만으로 성립하지 못한다. 여기에는 단지 그 안에 사람이 산다는 감각만이 있을 뿐이다. 그런데 그 속에서 사람들이 사는 행위가 무수하게 반복되면 서로 차이가 있던 집들이 공통점을 갖게 되고 '집'이라는 개념을 얻게 된다. 따라서 집은 사전에 결정된 것이 아니라, 지금 여기라는 현실에서 되풀이되는 사람들의 행위로 주어진다. 집이 사전에 결정된다면 "건축은 무엇인가?"라는 질문이 유효하지만, 사람들의 행위가 반복되어 집이라는 개념이 생기게 되므로 "건축은 어떻게 지어지는가?"를 묻는 것이 훨씬 중요하다.

20세기는 건축이 도시와 환경을 변혁하는 것이었다면, 21세기의 건축은 현실에 사는 인간의 모순된 측면과 욕구를 받아들여야 했다. 근대건축은 인간이 생존하기 위한 장소를 만들어내는 데 주력했다면, 이제는 인간이 갖추어야 할 자연의 다양함과 함께, 인간의 동일성아이덴티티을 보증하고, 그것을 새롭게 발견해야 한다는 과제가 있다.

건축은 어떻게 지어지는가? 건축은 함께 나무를 가꾸어 기르듯이 모든 사람들이 함께 짓는다. 또 건축은 시대가 공유하는 상상에 응답하는 문화적 행위로 지어진다. 건축가 마키 후미히코槇文彦는 이렇게 말했다. "동서고금을 막론하고 훌륭한 건축 작품에 대해 일반적으로 말할 수 있는 것은 그 작품들이 만들어진 시대의 많은 건축가 또는 건축가가 아닌 다른 사람들이 의식 위로 잠재적으로 표현하고 싶었지만 현재화할 수 없었던 '무언가'를 한 번에 드러내는 행위다. 건축의 창조는 발명이 아니라 발견하는 것이다. 건축은 언제나 상상을 넘어선 것을 추구하는 것이 아니라, 시대가 공유하는 상상에 응답하는 문화적 행위이기 때문이다."[50]

"건축은 어떻게 지어지는가?"에 가장 맞는 답은 건축은 물질로 만들어진다는 사실이다. 그러나 이 질문은 건물을 짓는 공학적 방법과 기술을 묻는 것이 아니다. 만일 어떤 건물이 돌로 지어진다면, 이 질문은 물질인 돌이 건축이 지어지는 목적과 본성에 어떻게 관여하는가를 묻는 것이다. 시토회 건축은 돌이라는 존재 자체가 하느님의 자취 또는 흔적임에도 "우리가 이렇게 말할 수 있게 하는 것은 돌이 아니라what the stones are 돌이 하고 있는 것what the stones do"으로 보았다.[51] 그래서 시토회 건축은 사람이 찾는 하느님의 본성을 반영하고 상징하게 된다.

그러나 건축은 물질 자체로는 존재하지 못하며, 물질이 지각되었을 때 비로소 물질이 존재한다. 이때 이 지각에 이미지가 개입하고 그 이미지는 의미를 동반한다. 따라서 물질로 만들어지는 건축에서는 기존의 고정된 의미가 새로이 지각되는 의미에 개입하지 않도록 물질과 물질의 접합을 어긋나게 할 것이 요구된다. "건축은 어떻게 지어지는가?"라는 질문에 대해 건축의 관념과 표상의 문제를 언급한 것이다.

이런 이유에서 스위스 건축가 자크 헤르초크와 피에르 드 뫼롱Pierre de Meuron은 괴츠 갤러리Sammlung Goetz에서 유리를 유리가 아니라 돌이나 콘크리트처럼 견고한 것으로 다루었다. 에버스발데공업학교 도서관Eberswalde Technical School Library에서는 콘크리트에 사진을 프린트하여 유리와 같은 투명한 성질을 얻게 했다. 물질은 지각되는 것이고, 지각은 이미지를 수반하며, 이미지는 의미를 개입하기 때문에, 물질에 개입하는 고정된 의미를 어긋나게 한다. 그들은 이렇게 말했다. "우리는 관념을 표상하는 것이 아니라 직접 감각에 작용하는 건축을 만들고 싶다. 우리들이 사용하는 이미지는 내러티브가 아니다. 고딕 대성당의 내러티브한 스테인드글라스처럼 무언가를 표상하지 않는다. 리콜라 사 공장의 앞이나 에버스발데공업학교 도서관의 파사드도 비표상적이다."[52] 이렇게 함으로써 그들은 "건축이란 무엇인가?"라는 질문에서 벗어나 있다.

모든 것이 건축

1960년대 오스트리아의 건축가 한스 홀라인Hans Hollein은 "건축은 모든 것 안에 있으며, 모든 것이 건축이다." "오늘날에는 모든 것이 건축이 된다. '건축'이란 이런 미디어의 하나다."라고 말한 바 있다.

이 주장은 당시 큰 반향을 일으켰으나, 건축에 대한 고정 관념을 가진 사람에게는 신선하면서도 한편으로는 말도 안 되는 슬로건이었다. 기둥과 보와 지붕이라는 요소로 이루어져 비바람을 막아주기 위해 지어지는 것이 건물인데, 어떻게 모든 것이 건축이라는 것인가. 심지어는 텔레비전을 '대학'이라고 정의하기도 했다. 그러나 이는 단순한 언어 게임이 아니라, 정보가 대학이라는 기존 개념을 바꾸고 그 정보를 담아내는 텔레비전이 어쩌면 '대학'이라는 건물을 대신하리라 생각한 것이다.

이때 그가 보여준 것은 비물리적 공간제어 조립용품non-physical environment kit˙과 발터 피흘러Walter Pichler의 텔레비전 헬멧TV-Helmet, Portable living room˙이었다. 앞의 것은 폐쇄공포증 환자를 위해 고안된 복용 캡슐이고, 뒤의 것은 오늘날의 표현으로 말하자면 가상현실 시스템을 위한 데이터 헬멧이다. 앞의 캡슐을 복용한 사람은 인지와 감각 수준이 올라가 환경을 감각으로 바꾸게 한다는 것이다. 그리고 뒤의 헬멧을 쓰면 가상 거실에 몸을 둔 경험을 할 수 있다고 만들었다. 이것을 보고 건축 '작품'이라고 하니 이해가 되지 않을 것이다.

이는 건축은 건물로만 있지 않고 물체의 영역에서 벗어나, 도시 영역, 정보 미디어, 우주 테크놀로지, 상업 예술 등으로 개념을 확장해야 한다는 주장이다. 홀라인이 말한 '모든 것'이란 건축이 확대될 수 있는 모든 영역이었다. 그의 말을 "건축으로 만들어질 수 있는 것이 모든 것 안에 있으며, 모든 것이 건축으로 만들어질 수 있다."고 여기고, 건축을 둘러싼 모든 환경으로 바꾸어 해석해보자. 건축과 그것을 둘러싸며 대지의 경계선 안팎에 있는 모든 것이 환경으로 이어져 있다는 아주 당연하면서도 흥미로운 발상이 생겨난다.

건축은 한정된 대지 위에 물체로 공간을 만든다. 그러나 실은 건축물에 공간이 있는 것이 아니라, 건축물이 지어지기 전 빈 땅인 대지에 이미 공간이 있다. 그리고 그 대지를 둘러싼 건물, 도로 등이 이미 공간을 형성하고 있다. 대지는 이러한 주변의 공간에 대한 한 부분이며, 빈 대지는 새로운 건물을 기다리고 있다. 건축의 공간이란 그 대지와 주변의 독특한 환경이 갖는 공간의 질을 받아들이고 바꾸고 첨삭하는 것이다.

근대 건축가는 유토피아와 사회 개혁을 꿈꾸며 기능적인 공간과 기하학적인 공간을 구축했다. 이어서 포스트모던 건축가는 양식과 주장을 다양하게 전개했다. 그러나 오늘의 건축가는 이들과 달리 건축을 하나의 오브제인 공간적인 조형물로 여기지 않는다. 이들은 건축을 주어진 외부 상황과의 관계에서 다시 정의하고자 한다. 그래서 건축은 '그림figure'이 아니라 '바탕ground'이 되고, 모든 것을 건축으로 바꿀 수 있다. 그래서 "건축은 주변의 힘들이 한 점으로 집합하는"[53] 곳이라고 표현한다. 이러한 입장에 서면 건축은 토목, 도시, 디자인 등 다른 분야와 폭넓은 연대를 이룰 수 있고 자신의 영역을 넓힐 수 있다.

그러나 우리가 사는 도시의 현실은 그렇지 않다. 토지는 쪼개져 있고 한정된 대지 안에서만 건축할 수 있다. 그렇다 보니 "건축은 모든 것 안에 있으며, 모든 것이 건축이다."라는 주장과는 정반대로 "모든 것이 건축 안에 있으며, 건축이 모든 것"인 상태다. 그렇기 때문에 아직 실현되지 못한 건축의 새로운 모습을 오래전에 주장한 홀라인의 말은 오늘날에도 여전히 유효하며 깊이 숙고되어야 한다.

"건축가는 건물만 생각하는 태도를 멈춰야 한다. 과거의 기술적인 한계에서 해방되어 구축된 물리적인 아키텍처는 공간적인 성질만이 아니라 심리적인 것과도 더 강하게 작용할 것이다. 세워지는 과정은 새로운 의미가 있고 공간은 의식적으로 촉각, 시각, 음향의 특성이 있다. 우리 시대의 진정한 아키텍처는 그 자체를 다시 정의하고 그 수단을 확장할 필요가 있다. 전통적인 건축물 밖의 많은 영역은 아키텍처와 '건축가'가 새로운 분야에 참여하지 않으면 안 되기 때문에 아키텍처의 영역에 들어온다. 모두가 건축가이며, 모든 것이 건축이다."[54]

제작과 생성

단순하게 말해서 '만드는 것'이란 창조적으로 보는 견해이며, '바꾸는 것'이란 진화론적으로 보는 견해다. 이는 고대 그리스 사상의 두 흐름, 세계를 창조된 것으로 보는 견해와 성장하는 것으로 보는 견해와도 같다.[55] 창조적으로 보는 견해에 따르면 세계는 예술 작품처럼 디자인되었다고 본다. 진화론적으로 보는 견해에 따르면 세계는 생명처럼 태어나 성장한다고 본다. 전자는 세계를 '제작'된 것으로 보지만, 후자는 세계는 '생성'하는 것으로 본다.

현대적으로 바꾸어 말하면 전자는 '작품'으로 보는 것이며, 후자는 '텍스트'로 보는 것이다. 전자는 초월론적 의미를 재현하는 데 근거를 두지만, 후자는 반대로 초월론적 의미를 벗어나 스스로가 의미를 산출해낸다고 본다. 그런데 플라톤이나 아리스토텔레스는 생성을 제작으로 여기고, 제작의 이상적인 상태를 건축으로 보았다. 여기서 '건축'은 건축가들이 말하는 건축이 아니라, 사고의 견고한 체계를 건축에 빗대어 말한 것이다. 따라서 고대 그리스 철학에 '건축'이라는 말이 나온다고 해서 우리가 생각하는 건축이 반드시 철학을 포함해야 한다는 것은 아니다. "신은 위대한 건축가다."라는 생각은 이런 제작의 사고에서 나왔다. 이 제작이라는 사고는 건축가가 신이 창조하듯 주인공이 되어 손대고 남기고 덧붙여서 오브제적인 건물을 만든다는 생각을 낳았다.

건축가는 자기가 한 일을 '작품'이라고 부르기를 좋아한다. 흔히 쓰는 말이니 크게 탓할 필요는 없다. 그런데 이 '작품'이라는 말에는 자기가 한 일이 예술임을 드러내기 위한 속내가 있다. 예술이라는 말에는 흔히 평범한 것에는 잘 보이지 않은 비일상적인 가치가 숨어 있음을 드러내는 것이다. 그런데 건축은 예술의 범주에 넣어 가치를 발견하기보다는 본래 일상에 몸을 두고 시간을 살아간다. 건축가는 조금 뒤로 물러나 '작품'과 '예술'이라는 범주에 자기 일을 지나치게 넣어 생각하지 않아야 한다. 그것에서 벗어나려고 할 때 예술이 갖지 못하는 가치를 드러낼 수 있다.

현대 철학은 '있음존재'의 철학이 아니라 '됨생성'의 철학에 근거를 두고 힘과 강도, 운동과 속도를 강조한다. '있음'의 철학은 정적이며 완결된 구조를 만들어서 그것으로 현실을 인식한다고 비판한다. 현실은 그대로 구조화되지 않는데도, '있음'의 철학은 구조화될 수 없는 부분을 구조의 바깥에 남겨놓는다고 보기 때문이다. '있음'의 철학은 자신의 규칙에만 의존함으로써 구조와 그 외부, 질서와 혼돈, 중심과 주변이라는 이분법의 논리를 만들어 구조를 유지하려 한다는 것이다. 오늘날 건축이론도 여기에 크게 영향을 받고 있다.

'됨'의 철학은 물질과 정신이 분리되지 않은 고트프리트 빌헬름 라이프니츠Gottfried Wilhelm Leibniz의 '단자單子'에 주목한다. '단자'는 물질이면서 정신이다. 그리고 우리가 경험하는 모든 것은 무수한 단자의 불안정한 결합과 진동에서 생성된다고 보았다. 따라서 세계는 무수한 가능성으로 열려 있다. 그래서 그는 '단자'가 물질인 동시에 정신이어서 각각 따로 정의하지 않았다. 우리는 물질에서 따로 떨어진 존재가 아니므로 물질과 정신을 나누는 제작과 작품을, 안정되고 고정된 통합이라고 비판했다. 오늘날의 건축은 이런 생각에 바탕을 두고 20세기와 같이 환경과 인간의 활동을 제어하려 하지 않고, 다양한 가치관을 담아내고 여러 가능성을 열어두고자 한다. 그래서 내발적인 장, 능동적인 활동의 장소를 만드는 건축을 발견하고자 한다.

봉오리가 터진 뒤 일정한 시간이 지나야 꽃은 핀다. 봉오리만 쳐다보고 있으면 아무것도 변하지 않은 듯한데, 자고 일어나보면 어느덧 꽃이 피어 있음을 경험한다. 봉오리 안의 무언가가 자라고 변화하고 움직이면서 꽃을 피운다. 꽃의 본질은 자라고 움직이고 변화하는 것 안에 이미 있다.

흔히 '본질'은 변하지 않는다며 고정불변한 무엇으로 이해하는 경우가 많으나, 이는 잘못된 것이다. 세상 모든 사물이 외형 등 일정한 상태를 유지하는 듯 보이지만 실은 무언가 계속 움직이고 있다. 그러나 마냥 움직이고 변화하는 것만이 아니다. 사물은 변화하고 운동함으로써 일정한 상태를 유지한다. 사물은 과거에서 현재로 이어지면서 변해왔고, 현재도 변하며 계속 변화함으로써 미래로 이어진다. 변화하는 것은 사물의 본질적인 부분이다.

제작과 생성은 각각 극장과 공장에 비유할 수 있다. 극장에서는 전체적인 구조가 한 걸음 물러난 무대 뒤에 있고, 무대 위에서는 전체적인 구조에 따라 배우가 연기를 한다. 이렇게 보면 배우의 연기는 어떤 구조의 표층에 해당한다. 이를 건축으로 보면 극장 뒤에 있는 사람은 건축가이고 무대 위에 나타난 것은 작품이다. 건축가가 구상하여 작품으로 만드는 모든 과정은 제작이다.

그러나 공장에서는 극장과 같은 이런 태도가 전혀 인정되지 않는다. 공장에는 무대 뒤도 없고 무대도 없다. 모두가 공장의 한 부분이다. 공장은 물건이 제작되고 생산되는 곳이다. 표상이 아니라 생산이 중요하다고 말할 때 사용하는 비유다.

그런데 실제로 무대 뒤와 무대 그리고 객석이 하나가 된 극장이 있고 그 위에서 연극이 이루어진다고 하자. 무대는 무대 뒤에 있는 연출자가 지시하는 구조이지만, 공장은 이것이 하나다. 이때 연극은 표상된 것이 아니라 생산된 것이고 생성된 것이다. 현대건축은 이런 건축을 하자는 것이다.

그렇다면 어디에서 이렇게 바뀌었을까? 변화의 근본적인 원인은 극장의 내부일까 외부일까? 극장을 만드는 데 변화시키는 힘이 외부에 있다면, 사물은 스스로 변화하지 못하는 것이다. 따라서 바뀐 실제 극장이 있다면 내부에 변화하는 힘이 있었기 때문이다. 달걀 내부에 있는 무언가의 가능성이 달걀을 병아리로 변화하게 만들듯, 표상되고 제작된 작품인 건축에서 생산되고 생성되는 건축으로 바뀌는 원인은 건축 안에 있다.

건축으로 만드는 것
10의 힘

미국의 디자이너 부부 찰스 임스와 레이 임스Charles and Ray Eames는 1977년 〈10의 힘Powers of 10〉이라는 다큐멘터리를 만들었다. 피크닉을 즐기고 있는 두 사람의 장면에서 시작하여 시점의 높이에 10씩 곱해간다. 장면은 10의 제곱, 곧 10미터 떨어진 곳에서 시작한다. 그다음은 100미터, 1,000미터 등 계속 10을 곱해갈 때마다 카메라는 공중으로 올라가면서 이 사람들이 보이지 않게 된다.

1미터 위에서 찍은 사진에는 누워 있는 사람의 시계, 책, 가지고 온 음식의 모양 심지어는 그 재료도 알 수 있다. 10미터 상공에서 돗자리는 화면의 10분의 1 정도로 축소되고 공원의 푸른 풀이 훨씬 많이 보인다. 여기에 다시 10을 곱해서 100미터 상공에서 이들이 누워 있는 돗자리를 보면 그저 작은 점보다는 조금 더 큰 정도이고, 공원이 사방으로 펼쳐진 것이 아니라 4차선 도로와 요 트가 정박한 해안가 사이에 있음을 볼 수 있다. 다시 이것에 10을 곱해 1,000미터 상공에서는 점도 사라지고 공원은 훨씬 넓은 도 시의 한 조각의 땅에 지나지 않게 나타난다. 물론 피크닉을 하는 두 사람은 보이지 않는다. 그리고 계속 올라간다. 10의 8제곱이 되 면 지구도 점이다.

그러다가 카메라는 하강하여 다시 10의 1제곱 거리로 돌아 온다. 돗자리에 깔았던 음식이 비춰지고 얼굴 표정이 나타나다가 10의 0제곱, 곧 0.1미터에서는 낮잠 자는 사람의 손이 보이고 10 의 -1 제곱에서는 손의 털이, 10의 -2 제곱에서는 피부조직이 보이 기 시작한다.

이 이야기는 건축과는 그다지 관계가 없는 듯 보인다. 그러 나 이제까지 건축은 지어질 건물과 그 주변을 1/300, 1/100 또는 1/10이라는 스케일에서만 바라보았다. 그러나 이제부터는 1/1을 넘어 10/1 또는 100/1처럼 건축의 국소적인 부분을 확대하여, 허 구이기는 하나 더 모사할 실재가 없어져 실재가 더 실제 같은 하 이퍼리얼리티hyperreality, 즉 과도 현실로 디자인의 사고가 바뀌게 됨을 뜻한다. 그렇게 되면 물체와 현상, 디테일과 생활의 관계를 더욱 밀착해 볼 수 있는 감각을 얻는다.

임스 부부가 보여준 일련의 장면 중 돗자리가 건물이라고 본다면 건물의 시작은 사람, 손목시계, 사람의 피부, 커튼, 식기 등 과 함께 시작하는 것이고 점점 넓어지기 시작하여 돗자리가 점으 로 보이듯이 건물이 점으로 보일 때 그 주변의 더 넓은 조건과 함 께 있게 된다. 건물의 크기만을 보면 한 점에 지나지 않을 수 있지 만, 건축과 관계하는 것에 주목해본다면 어떤 적당한 범위에 속 하는 사물, 상황, 주변 등을 건축'으로' 만드는 것이 아니겠는가. 이 것은 건축만이 가지는 특유한 렌즈의 배율이 있다는 뜻인데, 그 배율은 사람의 피부에서 시작하여 도시적인 크기에 이르기까지 바뀐다. 이러한 인식이 〈10의 힘〉이 주는 교훈일 것이다.

건축을 만든다, 건축으로 만든다

'건축을 만든다'라고 말하면 그 건물만 만드는 데 모든 관심을 기울이지만, 건물을 만드는 특권적인 입장이라는 행위에 갇힐 우려가 있다. 그리고 '건물을 만든다'는 것에만 머물 가능성이 있다. 그러나 '건축으로 만든다'는 것은 건물을 독립해 서 있는 오브제가 아니라, 주변과 호흡하는 과정에서 건축이 담고 바꾸어가는 대상이 훨씬 넓어짐을 말한다. 그렇다면 건축설계란 '건축을 만드는 것'이 아니라, 주변을 '건축으로 만드는 것'이다. 이제까지 우리는 '건축을 만든다'는 입장에서 건축과 건물을 구분하고 예술과 정신을 중시하며 자신의 작품을 만든다고 배웠다. 그러나 건축설계는 주변을 '건축으로 만드는 것'이다.

앤서니 비들러Anthony Vidler는 100년 이상 건축을 전염시켰던 형태와 기능, 역사주의와 추상화, 유토피아와 현실, 구조와 외피라는 문제가 많은 이분법을 극복하려는 움직임이 네 가지 새로운 통합의 원리로 나타나고 있다고 진단했다.[56] 형태와 기능, 역사주의와 추상화, 유토피아와 현실, 구조와 외피는 '건축을 만든다'에서 비롯한 문제였으나, 풍경, 생물학적 유추라는 새로운 관념, 프로그램, 건축의 내적 형태인 다이어그램은 '건축으로 만든다'에서 나온 주제들이다.

흔히 하는 '건물을 만든다'는 표현 자체가 잘못되지는 않았다. 다만 그 주변에 있는 환경까지도 '만든다'는 생각은 바꾸어야 한다는 뜻이다. 설계는 대지가 이미 가지고 있는 공간, 힘, 나무, 대지 위를 지나는 바람, 건물이 만들어지기 이전에 이미 있는 도로와 사람을 '만드는' 것이 아니다. 단지 그것을 건축으로 스며들게 하고, 건축이 환경에 스며들게 하여 새로이 건물이 서게 되면서 '환경'이 건축이 되게 한다.

아주 좁게 생각하면 '건축을 만든다'는 '건축의 형태는 누가 만드는가?'라는 질문과도 통한다. 그러나 형태는 고정된 것이 아니다. 이것은 형태가 환경 속에서 그 주변과 어떻게 관계하는가, 형태가 시간 속에서 다양한 현상과 어떻게 연결되는가, 커다란 시간 속에서 형태가 어떻게 존재하는가를 물음으로써 형태의 관계성을 발견하게 한다.

물은 액체로 있다가 얼음으로 변하고 수증기로도 변한다. 이는 물 안에 액체가 되고 고체가 되면 다시 기체가 될 가능성을 가진 까닭이다. 그런데 얼음은 0℃라는 온도를 물의 고유성'으로' 바꾼 것이고, 수증기는 100℃라는 온도를 물의 고유성'으로' 바꾼 것이다. 따라서 액체인 물, 고체인 얼음, 기체인 수증기는 모두 주어진 무언가의 조건을 물의 고유성'으로' 만든 것이다. 건축에서도 마찬가지로 생각할 수 있을 것이다. 곧 건축물과 그 주변의 조건을 건축의 고유성'으로' 바꾸어 만드는 것이다.

사물이 변화하는 원인이 사물 안에 있듯이 건축이 변화하는 원인도 건축 안에 있다. 연못에 돌을 던지면 물결이 일어나고 파문이 일어나고 물수제비가 생기기도 하고 물이 튀어 오른다. 연못이 물결을 일으키는 이유는 연못의 물에 물결을 일으킬 성질 또는 가능성이 있기 때문이다. 이때 던져진 돌은 물결을 일으키는 바깥쪽의 원인이다. 달걀이 병아리가 되는 것은 달걀 안에 병아리가 될 가능성이 있기 때문이다.

페터 춤토어Peter Zumthor는 이렇게 말한다. "물속에 돌을 던진다. 그러면 모래가 소용돌이치다가 다시 안정된다. 그런 충격은 필요하다. 돌은 자기 자리를 발견했다. 그러나 연못은 더 이상 똑같지 않다."[57] 무슨 말일까? 여기에서 물은 환경이고 돌은 건축물이다. 이 말은 이렇게 된다. 어떤 대지에 건축물을 짓는다. 그러면 주변에 무언가 변화를 일으키다가 안정된다. 이러한 변화는 필요하다. 그러나 주변은 예전과는 달리 새롭게 해석되었다. 돌이 물을 바꾸듯, 주변은 건물로 바뀌고 건물은 주변의 한 부분이 된다.

주변이란 일상적인 사물과 현상을 말한다. 오늘에는 많은 것이 모호하고 비현실적이며, 사물이나 현상은 직접 볼 수 없고 기호와 정보에 숨겨져 있다. 그럼에도 땅이나 하늘, 물이나 빛, 풍경이나 식물, 나무와 돌, 벽과 바닥, 사람들의 대화 소리처럼 기호나 상징으로 대체될 수 없는 직접적인 것들이 늘 주변에 있다.

'책을 만든다'와 '책으로 만든다'는 어떻게 다를까? '책을 만든다'는 재료와 내용으로 책이라는 성질을 갖는, 즉 무에서 유를 만드는 것을 뜻한다. '책으로 만든다'는 이미 주어져 있으나 책이 아닌 무언가를 책의 성질을 갖도록 변화하게 만들어 서로 이어지도록 함을 뜻한다. 마찬가지로 '건축을 만든다'는 재료로 이미 알고 있는 건축이라는 개념에 맞게 만들어서 없던 곳에 새로운 건물을 놓는 것을 뜻하지만, '건축으로 만든다'는 주변의 나무, 도로, 다른 건물, 분위기, 예전에 있던 땅 등 본래는 건축이 아닌 것을 건축이라는 환경으로 포용하고 변화시킨다는 의미를 지닌다. 환경은 건물의 경계를 넘어 안팎의 모든 것으로 이해해야 한다.

이런 정황에 근거하여 생각할 때 건물은 땅에 굳건히 자리 잡고 주변에 대하여 분명한 부분이 된다. 즉, 여기에 있고 여기에 속하게 된다. 그리고 시간이 지남에 따라 자연스럽게 자라나 그 장소의 일부가 된다. 이것은 이미 있는 어떤 상황과 신중하게 대화하는 것이라고도 말할 수 있고, 어떤 상황에 자리를 잡기 위해 개입한다고도 말할 수 있을 것이다. 그렇게 하는 목적은 이미 있는 것을 새롭게 바라보게 하는 데 있다. 건물이 새로 들어서 그 건물만 자리 잡으면 다 되는 것이 아니라, 그 건물로 주변이 새롭게 해석될 때 주변을 건축'으로' 만든다고 할 수 있다.

물에서 물결이 이는 것은 물결이 될 가능성과 그렇지 않을 가능성 사이에서 만들어진 것이다. 초등학교 교육제도가 변한다고 그대로 새로운 학교 건축이 되는 것은 아니다. 변화에 자극을 받아 건축만이 가지는 고유한 가능성을 만날 때 새로운 교육제도는 새로운 학교 공간으로 실천될 수 있다.

일본의 건축가 데쓰카 다카하루手塚貴晴가 설계한 후지 유치원藤幼稚園이 있다. 이 유치원은 흔히 보는 유치원과는 달리 평면을 도넛 모양으로 만들고 아이들이 지붕 위에서 뛰어놀게 만들었다. 지붕에서 뛰고 달리는 아이들은 계단이나 미끄럼틀을 타고 오르내릴 수 있다. 오래전부터 있던 나무들은 교실 안에 그대로 박혀 있고, 아이들은 나무 주변에서 그물을 타고 당기면서 나무와 친해진다. 마당에서 행사가 벌어지는 날에는 이 지붕이 아이들의 관람석이 된다. 모두 하나 되는 경험을 하는 것이다.

이 유치원은 원형 도넛 형태의 평면과 나무를 댄 지붕으로 이루어진 건축물이다. 건축가는 이러한 '건축을' 만든 것이다. 그러나 우리가 흔히 보는 유치원과 비교해보았을 때, 이 유치원은 무언가 다르다. 아이들, 뛰노는 것, 오래된 나무, 에워싸임, 사람이 함께함 등 몇몇 사실이 그렇다. 도대체 교육이란 무엇인지, 어떻게 교육하여야 하는지 그 질문 앞에 서 있게 된다. 그렇다면 과연 이 유치원은 무엇이 다른가? 그것은 단 하나, 앞에서 예로 든 아이들, 뛰노는 것, 오래된 나무, 에워싸임, 사람이 함께하는 것이 바로 '건축으로' 만들어지고 또 그렇게 변해 있다는 사실이다. 건축이 아니고서는 바뀔 수 없는 것들이다.

이 유치원은 연못과 같다. "이런 어린아이들에게 과연 교육이란 무엇인가?"라는 질문은 연못에 던진 돌과 같다. 이 질문이 유치원이라는 건축 형식에 물결을 일어나게 한다. 결과는 건축을 통해서, 건축 안에서 일어났다. 아스팔트가 깔린 도로나 다리나 책으로 나타난 것이 아니라, 공간과 장소와 사람과 그들이 자아내는 분위기로 나타났다. 그러니 이 유치원은 기존의 유치원이 아니면서 새로운 유치원이 될 가능성으로 만들어진 것이다. 달걀은 달걀이면서 동시에 달걀이 아닐 가능성을 안에 가지고 있듯이, 이 유치원은 유치원이면서 그 나이의 어린아이들이 진정 어떤 교육을 받고 배워야 하는지를 물음으로써, 이런 질문을 하지 못하고 크기와 모양만 가진 채 존재하는 다른 유치원이 아닐 가능성을 그 안에 가지고 있다. 따라서 이 유치원은 그 가능성을 '건축으로 만든' 것이다.

확장하는 건축

건축은 물질적으로는 건축물이 되지만, 그 건축물은 무언가 외적인 영향을 받아 물이 물결을 이루듯이 다른 모습으로 확대된다. 물질로 만들어진 건축물이 사람의 공동체를 다시 규정하기도 하고, 장소의 힘을 드러내기도 하며, 도시의 흐름을 사람과 물건으로 나타내기도 한다. 건축 안에 사람을 위한 여러 모습과 사람들을 행복하게 하고 사회를 변화시키는 가능성이 있기 때문이다. 그래서 건축은 단지 외적인 조건, 곧 경제적 가치, 공사비, 사회가 요구하는 정책 등으로 단순히 결정되지 않는다. 사회는 건축을 마음대로 부릴 수 있는 도구적 산물로 여겨서는 안 된다.

'건축으로 만든다는 것'은 건축을 둘러싼 수많은 인위적인 경계를 없애가는 것이다. 건축물은 수많은 제도가 정한 경계가 얽혀서 만든 산물이다. 건축물에는 도로에 대한 제약, 대지 면적에 대한 제약 등 수많은 제약이 얽혀 있다. 그러나 사람의 신체에 다가오는 바람과 공기와 물과 빛에는 경계가 없다. 기능이라고 생각하기 전에 사람의 행위가 요구하는 연속적인 상황을 먼저 생각하고, 하천이라고 하기 전에 강물을, 도로라고 생각하기 이전에 땅을, 그리고 인간이라고 생각하기 이전에 신체를 생각한다.

본래 설계는 선택, 조정, 결정을 해야 하므로 환경과 사용자에 관한 많은 것을 배제한다. 건물은 대지 위에 만들지만 사람들의 생활은 건축가가 만든 건물에 한정되지 않는다. 도시에 사는 사람들의 생활은 길과 도시 전체에 펼쳐져 있다. 내가 만든 어떤 건물은 도시 생활의 한 부분이다. 주택은 학교와 직장과 길 위의 생활과 관계된 주택이며, 학교는 길과 주택과 직장과 커뮤니티와 관계된 학교다. 주택은 도시 속의 주택이며, 건축은 환경 속의 건축이다. 그런데 환경과 사용자는 사실 서로 타자他者다. 건축은 본래 닫힌 것이고 환경과 사용자란 본래 열린 것이다. 그런데도 환경과 사용자를 '건축으로 만든다'는 것은 건축이 열린 장치로 바뀌겠다는 결의다.

건축설계란 대지에 잘 맞는 건축물을 만들어내기 위해 구상하고, 구상한 바를 물체로 만들기 위하여 각종 공간과 재료를 어떻게 조합할지 구체적으로 도면에 표현하는 행위라고 생각한다. 그런데 설계라는 말을 통하여 강조하는 것은 '만든다'는 것이다. 만든다는 말에는 처음부터 아무것도 없던 것에서 무언가를 창조한다는 뜻이 숨어 있고, 또 나아가서는 건물을 만들어 주변의 환경을 바꾸어간다는 뜻이 숨어 있다. 물론 이 '만든다'는 말이 철근 콘크리트를 붓고 재료를 덧붙여서 공간을 만들고 집을 만들며, 담장을 만든다는 뜻을 나타냄은 당연하다.

그러나 건축이 해야 할 범위를 넓게 하려고 이렇게 생각하면 어떨까? 건축은 아무것도 없는 데서 만들어지지 않는다. 건축은 먼저 대지가 있어야 성립하기 때문이다. 그렇다면 건축설계는 설계하기에 앞서서 존재하는 환경의 조건을 어떻게 받아들이고 푸는가 하는 일이다. 그 환경은 땅으로 나타나며, 그 땅이 자리 잡고 있는 곳이 도시인지 농촌인지, 그리고 주변에 어떤 이웃이 이어져 있는지, 바람은 그 땅 위를 어떤 방향으로 지나는지 같은 무수한 조건이 이른바 환경을 나타낸다.

환경이란 열, 공기, 에너지와 같은 물리적 조건만도 아니며, 단지, 도로와 같은 건물을 둘러싼 도시적 요인을 일컫는 말도 아니다. 건물이 놓이는 모든 조건이 '환경'이다. 건축 공간을 만든다고는 하지만, 대지에 잠재하는 고유한 공간을 드러낼 수는 있어도 그 공간을 새로 만들 수는 없다. 대지의 공간은 건물의 공간이 만들어지기 이전에 이미 존재하기 때문이다.

어떤 건물이든 그 안의 공간을 먼저 만들고 대지로 옮겨가는 것이 아니다. 이미 존재하는 대지를 다듬고 숲을 향해 창문을 내어 생활을 펼쳐 보이기도 하고, 주변에 이미 서 있는 다른 건물에 대하여 자리를 찾아내는 것이다.

이렇게 생각하면 설계는 건물을 환경에 적응하고 또 그것의 가능성을 건축으로 만드는 것이다. '건축을 만든다'고 한다면 건축을 설계하는 것 자체가 목적이 되지만, '건축으로 만든다'고 하면 건축으로 만드는 과정을 중요하게 여기게 된다. '건축으로 만든다'는 건축으로 만들어가는 과정의 뜻이 있으며, 건축가가 이 과정에 개입한다는 의미도 있다. 또한 건축이 어떤 시점에서 완결되는 것이 아니라 계속 만들어지는 경과 안에 있음을 말한다.

3장

건축과 공동성

건축은 사람들의 합의로 성립한다.
공동성이 없다면 합의도 없을 것이고
따라서 건축은 성립할 수 없다.

건축의 근거[58]

건축은 공동의 산물

일상의 언어

건축이 존재하는 이유는 인간 공동의 생활을 지탱하기 위해서다. 지탱하는 것이란 질서를 세우는 것이며 이를 뒷받침해주는 가장 큰 것이 언어다. 공간에도 규칙이 있고 공간이 인간 공동생활에 규칙이 된다. 건축은 일상의 생활을 지탱하는 공통의 언어다.

물론 다른 예술도 인간의 일상 언어로 작용해왔다. 그러나 이런 예술의 언어적 역할은 거의 사라져버렸다. 개념미술의 대표 작인 조지프 코수스Joseph Kosuth의 〈세 개의 의자One and Three Chairs〉는 실제 '의자' 뒤에 의자의 '사진'을 두었고 오른편에는 사전에서 복사해온 의자의 '정의'를 적어 전시했다. 이런 작품은 인간 공동의 일상 언어가 아니다. 민속무용과 같은 공동체의 춤에는 반드시 음악이 있었다. 춤과 음악은 그들에게 언어였다. 그러나 이런 무용과 음악은 우리의 일상 언어에서 사라졌다. 그럼에도 주변에 그다지 별다른 관심을 두지 않는 현대인에게도 건축은 여전히 사람들의 행동과 공동의 사회적 행위를 위한 공간 언어다. 오히려 건축이 인간 공동의 생활을 지탱하는 마지막 공간 언어다.

건축사가 스피로 코스토프에 따르면 건축가가 처음으로 나타난 것은 기원전 3000년쯤이며, 도면이라고 할 만한 것이 처음으로 나타난 것은 기원전 7000년쯤이라고 한다.[59] 건축가가 생긴 이유는 건물을 더욱 정교하게 짓기 위함이었다. 건축가는 이를 위한 별도의 지식을 가진 사람들이었다. 플라톤은 "건축가는 노동자가 아니라 노동자의 지도자다. 왜냐하면 그들은 솜씨가 아니라 지식을 제공하기 때문이다."[60]라고 말했다. 건축가는 집을 지으려는 사람과 집을 지어주는 사람 사이에 있는 사람이다.

그러나 이 건축가가 알아야 할 사실이 있다. 이제까지 사람이 지구에 살면서 지은 건물은 과연 얼마나 될까? 그 무수한 건물 중에서 건축가라는 전문가가 지은 건물의 수는 과연 얼마나 될까? 건축가가 사회에서 '당신은 건축가요.'라고 인정받기 이전에는 모든 사람이 건축가였다. 대단히 큰 집을 지을 기술을 갖고 있지 못하고 초라한 집을 지었을지라도 모든 사람은 이 땅에 살기 위해 본능적으로 집을 지어야만 했다.

사람들은 근본적으로 사회적인 동물이다. 원시적인 사회구조도 무리band라는 작은 집단을 이루고 협동을 통해서 일체를 이루며 살았다. 단순한 은신처는 주변에서 손쉽게 얻을 수 있는 건축 재료만 가지고 협력하여 집을 지었다. 인디언들이 티피tepee를 지을 때는 남자들이 장대를 준비하고 여자들이 버펄로 가죽 덮개를 손질했다. 마을의 주거는 공동으로 건설하며 집들을 서로 연접하여 지었다.

전 세계에는 토속 건축이 많다. 토속 건축을 짓는 데 건축가의 도움을 받아 지은 건물이 과연 얼마나 될까? 푸에블로Pueblo는 많은 단위 주거들이 모인 계단식 건물군을 말하는데, 이 공동체 사회에서는 '내 방'이라는 개념이 없고, 100여 개의 방도 모두 같은 모양의 계단식 구조물로 이어졌다.[61] "건축은 보통 사람이 만들고 보통 사람을 위해 만들어진다. 따라서 건축은 모든 이에게 쉽게 이해되어야 한다. 그것은 인간의 수많은 본능에 바탕을 두고 있으며, 아주 어릴 때부터 우리 모두에게 공통적인 발견과 경험, 특히 사람과 무생물에 대한 관계에 바탕을 두고 있다."[62] 이런 집을 지었을 때 당연히 건축가라는 전문가가 따로 있었을 리 없다. 모든 사람은 건축가이자 건설자였다. 따라서 사람은 그 본질에서 보면 건축가다.

건축은 인간 공동의 생활을, 특히 일상생활을 지탱하는 공통의 언어다. 수직으로 서 있는 물체를 보고 어떤 이는 기둥이라고 말하고 어떤 이는 기둥이 아니라고 말할 수 있다. 이는 두 사람 모두 '기둥'이라는 관념을 공유하고 있기 때문이다. 신기하게도 사람들은 집에 대하여 그렇게 많이 배우지 않고도 마치 태어날 때부터 알고 있었던 것처럼 문, 창, 계단, 지붕, 기둥, 벽에 대하여 공통의 관념이 있다. 창을 통해 무엇이 보였을 때 즐겁고, 어떤 빛이 나에게 행복한 느낌을 주는가는 사람에 따라 사는 곳에 따라 그다지 다르지 않다. 더군다나 먼 옛날, 저 멀리 살던 사람이 지은 것인데도 오늘날 내가 이 땅에 세운 것보다 더욱 공감할 수 있음을 어떻게 설명해야 할까? 이 바탕에 공통의 감각이 숨어 있다는 반증이 아닐까.

수메르인의 언어와 그들의 주택에는 공통점이 있다고 한다. 수메르인의 언어는 교착어다. 교착어는 우리말 '나는, 내가, 나의, 나를' 같이 어근語根과 접사接辭가 결합하는 언어를 말하는데, 이런 언어 구조처럼 그들의 주택도 변하지 않는 뿌리인 중정에 다른 모든 주거와 작업 공간이 연결되어 있다는 것이다.[63] 아마도 안마당으로 대표되는 우리의 주택도 이와 같다.

다른 예술도 이전에는 일상의 언어였다. 공동체가 춤을 출 때는 그들의 언어인 음악이 함께했고, 그림도 집 안에 있었으며 조각도 전시장에 따로 보관되어 있지 않았다. 그러나 오늘날 음악은 춤과 무관하게 콘서트홀에서 따로 연주되며 그림은 우리 생활과 무관하게 전시장에 전시된다. 이에 비교하면 건축은 사람의 생활에서 크게 벗어난 적이 없다. 동굴 속에서 생활할 때나 지금이나 건축은 우리들의 사사로운 행동이나 공동의 사회적인 행위를 공간 언어로 규정하고 있다. 그래서 앙드레 르루아구랑은 인간의 생활, 문화, 공동생활, 의식에 형태를 주는 가장 큰 도구가 바로 건축이며 도시라고 말했다.

공동의 목적

사람들이 어떤 장소에 지속해서 살 때 그 사람들을 주민inhabitant이라고 한다. 관습inhabit을 받아들이고 그 안in에 함께 사는 사람이라는 뜻이다. 이때 관습이란 넓은 의미에서 이들이 공통으로 좋다고 받아들인 것이며, 경험으로 공유하는 지식에 바탕을 둔다. 원형의 채를 기본단위로 동심원을 이루며 구성된 아프리카 카메룬의 주거를 보면 비바람을 막는 '숨을 곳'으로만 지어진 것으로 보인다. 그러나 그 에워싼 영역 안에 각자의 방이 있고, 같은 조건을 가진 다른 이들과 공동체를 이루며, 곡물 창고와 방들을 연결하는 베란다라는 공동 시설을 갖춘[64] 공동 주거 감각도 보인다. 이 간단한 주거 형태 안에는 집을 짓고 그 안에 사는, 공동체의 삶의 방식과 공동체가 바라는 바가 있다. 건축은 우리가 하는 행동, 공동의 사회적인 행위를 관습으로 규정한다.

영국의 사상가 존 러스킨John Ruskin은 "모든 건축은 단지 인간의 신체에 봉사할 뿐 아니라 인간 정신에도 영향을 주는 것이다."라고 주장한다. 그렇다면 스톤헨지Stonehenge는 어떤 것일까? 자기 몸과 소유물을 악천후에서 보호하려고 만든 것은 아니다. 스톤헨지는 땅 위에 '신과 영이 사는 집'을 만들고, 공동체가 바라는 공동적이고 사회적인 목적에 맞는 무언가를 얻기 위함이었다.

그런데 건축물이 단순히 물리적으로만 존재한다면 건축은 숨을 곳에서 시작한다고 할 수 있다. 그러나 건축은 이와는 다른 질문을 필요로 한다. 그것은 "건물은 왜 그렇게 만들어져서 존재하는 것일까?"라는 질문이다. 피라미드는 죽은 자를 묻기 위한 무덤이다. 그러나 그 거대한 구조물은 단순히 물리적이기만 한 무덤을 뛰어넘어 최고의 왕이 누리는 영원성을 기념한다. 판테온과 아야소피아Ayasofya도 최종 목표가 장대한 구조를 짓기 위함이 아니었음을 우리는 잘 알고 있다. 그 목표는 사람을 수용하는 것이 아니라, 영원을 향한 인간의 종교적 열망을 표현한 것이었다.

파울 프랑클은 건축이란 물질로만 이루어진 존재가 아니며, 사회적이고 문화적인 의도가 물질에 앞선다고 강조했다. "건축의 목적이라고 말할 때 내가 의미하는 바는, 건축은 일정 기간 계속되는 연기를 위해 고정 무대를 마련해주는 것이며, 사건들이 일정하게 잇따라 나타나기 위한 통로를 제공한다는 것이다. …… '건축의 목적'이라는 말을 들으면 금방 구조의 적합성, 역학상의 강도, 건물의 내구성 같은 것이 생각난다. …… 그러나 건축의 본질은 목적에 있다. 따라서 건축은 목적을 물체로 나타내는 것이다."[65] 이 말을 바꾸어보면 "학교란 학생들이 학교에 다니는 동안 여러 활동이 잘 이루어지도록 고정 무대가 되는 것이며, 이들이 배우는

데 필요한 일들이 잇따라 나타나기 위한 공간을 마련하는 것"이다. 따라서 학교라는 건물을 짓는 포괄적인 목적으로 다른 것이 있을 수 없다.

종묘를 순수한 형태를 가진 역사적인 건물로, 월대는 광장으로만 바라볼 수 있을까? 만일 종묘가 왕실의 제사를 지내던 곳이 아니라 왕실의 곡물 창고였고, 월대가 짐을 부리던 곳이었더라도, 우리는 지금과 똑같이 감동할 수 있을까? 만일 이런 물음을 넘어서는 부분이 있다면, 그것은 어디에서 비롯하는 것일까?

종묘를 바라보며 건축의 목적이 지니는 힘을 생각한다. 건축은 조형의 옷을 입지만, 조형만을 위해 성립하는 것이 결코 아니다. 건축은 공간이 필요하지만, 그 공간은 인간의 공동성에 바탕을 둔 것이어야 한다. 인간의 공동성은 이 땅 위에 살면서 함께 사용할 자리를 필요로 하며, 이를 위해 인간은 무언가의 목적을 위한 건축물이 필요하다.

역사적으로 유명한 것이 아니더라도 학교에 대해서도 똑같이 말할 수 있다. "학교라는 건물은 왜 그렇게 만들어져서 우리의 사회에 있는 것일까?" 이런 질문에 학교란 학생들이 비바람 맞지 않게 벽돌, 나무, 콘크리트로 구축하는 것이라고 답할 수 있을까? 질문은 이와는 다른 근본적인 답을 기다리고 있다. 학교만이 아니라 그 밖의 모든 건물에 대해서도 마찬가지다.

본래 건축은 건축가가 모두 해결하고 결정하는 것이 아니다. 건축은 조금씩 다를 수 있어도 사람마다 각자의 가치판단을 공유하며 만들고, 또 많은 사람이 관여하므로 건축물이 완성되는 과정에서 무언가 불협화음도 생기게 된다. 그러나 시간이 지나 지어진 건물이 다른 건물들에 둘러싸여 집적될 때 그 불협화음은 도시의 다양함이 되어 나타난다.

익명에 담긴 가치

미국 건축가 프랭크 로이드 라이트Frank Lloyd Wright는 "건축이란 과연 무엇인가?"라는 질문에 "건축이란 삶"이라고 답을 내렸다. 그것을 설명하는 것이 간단치 않다. 정말 건축은 삶인가? 게다가 "그 자체가 형식을 가진 삶"이라고 한다. 삶이면 삶이지 삶에 무슨 형식이 붙는지 의아할 수 있다. 그러나 건축은 무수한 형식으로 이루어지는 것이므로 맞는 말이다.

그는 또 말한다. "오늘도 존재하고 앞으로도 계속 존재할 것이다. 건축은 삶을 가장 진실하게 기록한다."[66] 존재, 기록, 진실이라는 말은 왠지 금방 와닿지 않아 남의 이야기처럼 들린다. 그러나 이것도 맞다. 집은 오늘 그렇게 있는 것처럼 계속 존재하리라 알고 있고 믿고 있다. 그러다 보면 집은 사람을 기록하는 셈이 된다. 걸리는 것은 과연 가장 진실하게 기록하는가인데, 내가 집에서 50년 정도 살았다면 그 집은 더없이 나를 '가장 진실하게' 기록한 것이고, 마을도 역시 나를 '가장 진실하게' 기록한 것이다. 종묘는 조선 시대를 '가장 진실하게' 기록하고 있다. 이렇게 보면 라이트의 말은 건축에 대하여 사실을 말하고 있다.

라이트의 말은 계속 이어진다. "건축이란 세대에서 세대로, 시대에서 시대로, 인간의 본성을 따라, 또 환경의 변화에 따라 진행하고 지속하며 창조하는, 위대한 창조력이 풍부한 살아 있는 정신이다. …… 이 정신, 모든 건물에 공통적인 이 위대한 정신을 건축이라 부른다."[67] 요약하면 건축을 끌어내는 정신이 있는데, 이 정신은 모든 건물에 공통적이고 시간이 지나도 변하지 않는다고 한다. 어떻게 가능할까?

건축이 '시간을 초월'하고 '변하지 않는 가치'를 드러낸다고 할 때 가장 먼저 머릿속에 떠오르는 것은 스웨덴 건축가 시귀르드 레버런츠Sigurd Lewerentz가 설계한 '숲의 묘지The Woodland Cemetery, Skogskyrkogården'다. 스톡홀름 교외에 있는 공동묘지 입구에 들어서면 넓은 풀밭이 평화롭게 하늘에 맞닿아 있다. 죽은 이는 하느님의 품에 안겼음을 땅과 하늘이 말하는 듯하다. 이 장소와 공간에서 말하는 바와 느끼는 바는 새로울 필요도 없고 새로워질 것도 없다. 이 '숲의 묘지'에 들어와 부활 교회에 앉아 예배를 마치고 죽은 이가 땅에 묻힐 때까지의 장소와 풍경을 통해, 인간의 죽음과 부활의 진리라는 변하지 않는 바를 표현할 수 있었다.

노르웨이의 건축가 스베레 펜Sverre Fehn은 1952년에 모로코 여행을 하면서 "모로코 건축을 공부하기 위해 그곳에 갔는데 중요한 것은 새로운 것이 아무것도 없었다."라고 말했다. 모로코 건축에는 이미 거친 재료로 분해되는 라이트의 작품이 있고, 미스 반 데어 로에의 무한한 벽이 있으며, 르 코르뷔지에의 시적인 옥상정원과 테라스가 있다는 것이다. 이는 무엇을 의미할까? 단순히 어떤 건축가의 보수적인 태도에 지나지 않는 것일까? 그렇지 않다. 여기에서 "시간을 초월한다." 또는 "새로운 것이 아무것도 없었다." 는 말은 건축에는 과거의 힘이, 과거에 지었던 사람들과 같은 생각이 오늘 우리에게 고스란히 전해진다는 뜻이다. 한국 사람이든 노르웨이 사람이든 변하지 않는 인간 공통의 감각, 곧 '공동성共同性, commonness'이다.

스베레 펜은 하마르Hamar의 헤드마르크 박물관Hedmark Museum, 현 아노 박물관Anno Museum에서 이런 생각을 구체화했다. 집을 둘러싼 벽, 그 안에 전시된 모든 농기구는 이미 새로운 것이 아니다. 땅과 박물관이 둘러싸고 있는 폐허도 이미 있던 것이다. 그는 이 박물관에서 새로운 것은 아무것도 없다는 사실을 인정하고 있다. 이 박물관이 농민과 농기구 등을 전시하는 곳이라서 그렇게 말하지는 않았을 것이다. 그는 "건축은 익명적"이라고 언급한 바 있는데 농가, 농민, 전통 등과 같이 만든 이가 누군지 분명하지 않다는 뜻이다. "건물은 주연배우가 없는 영화처럼 만들어진다. 그래서 건물은 모든 역할을 보통 사람들이 맡아 하는 일종의 기록영화다."[68]라고 했는데, 이 박물관의 전시물에는 주인이 없다. 모든 사람이 주인이고 엑스트라인 기록영화관이다. '익명적'이란 우리가 알 수 있는, 우리도 이해할 수 있는, 사람이 가지고 있는 공통 감각이 건축 안에 엄연히 존재하는 인간의 '공동성'을 불러내는 일이다.

건축을 성립하게 만드는 가장 중요한 조건이 있다. 세상이 변함에 따라 건축도 변하지만, 반대로 변화를 거듭하는 세상에서 건축이 해야 할 중요한 역할이기도 하다. 그것은 시대와 장소를 넘어 변하지 않는 것을 표현하고 소중하게 여기는 것이다. 아야소 피아에는 누가 언제 보아도 무관하게 오늘이나 과거나 미래나 변함없이 존재하는 것이 있다. 농촌의 아주 작은 집도 초라할지언정 마찬가지로 어제 오늘 그리고 내일 늘 존재하는 것이 있다. 이를 두고 다소 어렵게 "진정한 건축은 시간을 초월한다."라고 표현한다. 이는 시간을 표상하는 다른 예술과 크게 구별되는 중요한 건축의 본질이다.

건물은 그저 새롭게만 생기고 지어지지 않는다. 건물은 오랫동안 역사를 통하여 계속되는 변하지 않는 무언가의 가치를 담아야 한다. 이것은 인간이 어떤 시대를 살고 있다고 해도 변하지 않는다. 스베레 펜의 헤드마르크 박물관이든 시귀르드 레버런츠의 '숲의 묘지'이든 탁월한 건물은 이전부터 변하지 않는 바를 담으려 했고, 또 그것을 배우는 우리는 다시 그와 같이 변하지 않는 바를 새로운 건물 안에 담으려고 한다. 역사가 전개되며 건축의 공동성은 계속 나타난다.

공동의 희망과 기억

건축은 물질을 구축하여 이루어진다. 그렇다고 구축 자체가 건축은 아니다. 건축은 인간 집단의 희망과 기억과 바람 위에서 성립한다. 그리고 이러한 인간 집단의 공동성은 스톤헨지가 만들어진 시대이건 전자 기술이 사회를 주도하는 시대이건 건축으로 가장 분명하게 표현된다.

건축에서는 오늘날 전통을 어떻게 담아야 하는가가 매우 중요한 과제다. 장대한 역사 속에서 변하지 않는 동일성이 이어지고 우리가 우리이게 해주는 것, 이것이 바로 전통이다. 스피로 코스토프는 전통을 "건축이라는 체험의 거대한 용기이며, 어떤 건물도 그것을 벗어나 생겨날 수 없다."라고 했고 루이스 칸은 전통을 "금으로 된 먼지"라고 표현했다. 먼지처럼 쓸데없이 보여도 잘 들여다보면 변하지 않는 귀중한 가치가 있는 금 같은 것이 바로 전통이라는 의미다. "전통이란 참으로 이러한 상황이 쌓인 기록이다. 그런데 이 기록은 인간의 본성을 끌어낼 수 있는 금으로 된 먼지로 계속 남아 있다. 작품 안에서 곧 작품에 관한 공동성의 감각을 예감할 수 있다면, 이 금으로 된 먼지는 대단히 중요하다."[69] 곧 건축에서 전통도 공동성에 대한 감각에서 비롯한다. 그래서 코스토프의 말처럼 "건물이란 건물 위에 성립한다. 건물이 세워질 때 그 건물이 놓이게 되는 1,000년 역사의 풍경을 무시할 수 없다."[70] 이처럼 변하지 않는 바를 담아 표현하고자 했기에 건축은 예술이기 이전에 사회와 역사의 산물이었다.

건축에 대한 이런 근본적인 생각을 철학자 존 듀이는 감동적으로 설명하는데, 여느 건축가보다도 건축에 대한 훌륭한 통찰을 보여준다. "그렇기 때문에 건축은 모든 예술 작품 중에서 존재의 안정과 지속을 표현하는 데 가장 적합한 것이다. 음악이 바다라면, 건축은 산이라 할 것이다. 건축은 그것에 내재한 지속하는 힘 때문에, 다른 어떤 예술보다도 우리의 공통적인 인간 생활의 전체적 특징을 기록하고 찬미한다."[71]

존 듀이의 말은 어떤 건축가나 건축이론가의 말보다도 건축의 본질을 잘 나타낸다. 먼저 건축의 본질은 안정과 지속을 표상하는 데 있다. 때문에 건축의 물체성은 구축 이전에 안정과 지속을 갈망하는 데서 근거한다. 또한 건축은 개인의 취향과 목적을 위해 만들어지는 것이 아니라 '우리'의 생활과 '우리'가 공통으로 가지고 있는 특징, 곧 공동성을 표현하며, 나아가 그 공동성이 더욱 잘 드러나도록 하기 위해 만들어진다. 건축에는 우리 모두가 가지고 있는 희망과 기쁨과 기대가 표현된다. 그렇기 때문에 만들어 온 건축과 지금 만들고 있는 건축에는 오랜 시간이 지나도 변하지 않는 본질이 존재한다. 따라서 건축이란 우리 모두가 공유하는 사회적인 예술이다.

이는 건축설계를 하는 사람이라면 반드시 갖추어야 할 근본적인 자세다. 건축이 인간에게 이렇다면, 건축을 설계한다는 것은 과연 무엇일까? 건축을 설계해본 사람이라면 누구나 경험하듯이 이 건물이 어떻게 완성될지 잘 알지 못한다. 설계를 시작하면서부터 무엇을 근거로 만들어야 옳은지, 이 집이 필요한 이들은 무엇을 기대할지, 기대한다고 여기는 바가 나만의 생각은 아닌지, 건축물이 완성되었을 때 정말 그렇게 될 것인지 모든 것이 확실하지 않다. 설계를 시작할 때나 진행하는 과정에서 과학적으로 분석도 해보고 사용하게 될 사람과 대화도 하며 건축계획학에서 연구한 결과를 근거로 객관적인 토대를 마련해보기도 한다. 그러나 이것은 설계 과정에서 도움은 될지언정, 내가 하는 설계의 근본을 보장해주지는 않는다. 그렇기 때문에 스베레 펜은 건축은 발명되는 것이 아니라 발견될 때 비로소 존재하는 것이라 말했다.

마지막으로 다시 존 듀이의 문장에 귀를 기울여보자. "건축은 인간 공동생활의 지속적인 가치도 표현한다. 건축은 가족을 보호하고, 신들을 위한 제단을 마련하며, 법률을 제정하기 위한 장소를 확립하고, 적의 공격에 대항하는 성채를 쌓기 위해 집을 짓는 이들의 기억과 희망과 공포와 목적과 신성한 가치를 '재현하는represent' 것이다. 만일 건축이 인간적 관심과 가치를 가장 잘 표현하는 것이 아니라면, 왜 건축이 궁전이나 성, 가정이나 포럼이라 불리는지 신기한 일이다. 뇌리의 환상이 아니라, 분명히 중요한 구조물은 모두 계속 이야기되어온 기억의 보고이며, 미래에 대한 희망을 품은 불멸의 명문銘文이다."[72]

듀이의 글은 기호론에 근거해 '표상'을 논의하며 건축의 의미를 박탈하고 건축을 창백한 하나의 기호로 여긴 다음, 이에 근거해 건축의 이론을 추상적으로 변경하려는 현대건축이 얼마나 무의미한가를 웅변하고 있다. 건축의 본질은 인간의 가치를 재현하는 데 있으며, 이것은 시대가 변한다 하여 변하는 것이 아니다. 건축은 '가족을 보호하고, 신들을 위해 제단을 마련하기 위해' 주택을 짓고 교회를 짓는 것이다. 그리고 '집을 짓는 이들의 기억과 희망과 공포와 목적과 신성한 가치'라는 공동성의 감각에서 건축은 시작한다. 건축은 불멸의 명문이 되어 역사 속에 존재하며 전통을 이룬다.

물체와 지속

어떤 전문가가 건축가인지 아닌지를 판단하는 방법은 아주 간단하다. 집을 짓고자 하는 땅에 높은 나무가 서 있을 때 새집을 짓는 데 방해가 된다고 아무 생각도 없이 잘라버리는 사람은 건축가가 아니다. 마찬가지로 어떤 사회가 건축을 통해 소중한 것을 지켜나가려는 사회인지 아닌지를 판단하는 방법도 간단하다. 집을 짓고자 하는 땅에 높은 나무가 서 있을 때 새집을 짓겠다고 아무 생각도 없이 잘라버리는 사회는 소중한 것을 잘 모르는 사회다. 건축가는 자연과 생명을 소중하게 여기는 전문가다. 그는 의사나 생물학자는 아니지만 다른 방식으로 자연과 생명을 소중하게 생각하는 사람이다.

나무는 비교적 견고한 물체다. 나무를 남기면서 집을 지으려는 건축가와 그것을 요구하는 사회는 물질이 말하려는 바, 물질 속에서 이미 흘러가 버린 시간의 소중함, 신체 속에 숨어 있는 기억, 가치란 공간에서만이 아니라 시간에서 쌓이는 것임을 알고 있는 사람이며 사회다.

건축은 이러한 공간을 견고한 물체로 만든다. 견고한 물체라고 하여 공학과 관련된 것만은 아니다. 견고한 물체로 짓는다는 것은 움직이지 않는다는 뜻이다. 이 땅에 세워지는 모든 구조물은 움직이지 않게 하기 위한 것이다. 다리가 미동하면 안 되고 방파제는 격랑을 견뎌야 하며 집은 우리의 삶을 지탱해주어야 한다. 2011년 동일본대지진이라는 엄청난 재해 앞에서 도시와 건축물은 단숨에 사라졌고 목숨도 재산도 공동체도 함께 사라졌다. 견고한 건물의 물체성이 지속을 보장한다는 의미는 이런 것이다.

건축은 어디에서 시작된 걸까? 이전부터 가장 많이 언급된 것은 '숨을 곳', 곧 셸터다. 알베르티는 『건축서De Re Aedificatioria』에서 "제일 먼저 인간은 자기 몸과 소유물을 악천후로부터 실제로 보호하려고 건물을 만들기 시작했다."라고 말했다. 프랑스 건축가 외젠 비올레르뒤크Eugène Viollet-le-Duc[73]도 마찬가지다. 건축이란 숨을 곳을 만들고자 합리적인 계획과 절차를 세우면서 시작했다

고 보았다. 그는 처음에 사람들이 커다란 가지들을 끌어모아 비바
람을 막다가, 이것들을 꼭대기에서 서로 기대게 하고 원을 이루게
했다고 상상했다. 나뭇가지로 만든 숨을 곳이 건축이 아니라 나
뭇가지를 모아 구축한 숨을 곳이 건축이라는 것이다. 그는 견고한
물체로 '숨을 곳'을 만들고자 한 데서 건축이 시작되었다고 보았다.

그러나 건축의 역할이 비바람만 잘 막는 데 있는 것은 아니
다. 어떤 건물이든 견고한 물체 속에는 시간의 흐름 안에서도 무
언가를 지속하고자 하는 인간의 바람이 내재해 있다. 아무리 견고
한 물체도 시간이 지나면 변하고 노후한다. 그런데도 영원하지 못
한 인간은 건축이라는 견고한 물체로 무언가의 지속성을 늘 희구
해왔다. 건축이라는 견고한 물체는 시간이 오래 지난 뒤에도 처음
으로 만들었을 때와 동일한 가치를 인식하게 해준다. 건축은 그런
것이다. 주택은 인간보다 오래 간다고 믿었으므로 설사 약한 재료
로 이루어진 원시 주거일지라도 집을 짓고는 신에게 제사를 드렸
다. 짓는 것은 그 자체가 제사 의식이었다.

사람은 죽은 이의 몸도 집에 두었다. 고대 이집트인은 죽은
이의 영혼인 카Ka가 부활할 때 한 번 더 시체에 들어가므로 죽은
이는 그 순간을 기다리며 그곳에 있어야 한다고 믿었다. 그렇게 피
라미드로 난공불락의 묘를 만드는 것이 인간이다. 이집트 사람들
의 묘는 견고해야 하고 또 견고하게 보여야 했다. 그러나 이것으로
끝나지 않는다. 피라미드의 정점은 푸른 하늘과 별들을 향해 있
고, 한 덩어리의 돌처럼 불변의 모습으로 엄격하고 순수한 모습을
지닌 채 파라오의 영원한 생명을 상징한다. 건축의 견고한 물체는
이 정도로 영원과 생명을 상징하는 것이었다.

2008년 숭례문이 불탔다. 수많은 사람이 울고 비탄에 빠
졌다. 모든 국민은 마치 조상이 사라진 듯 소리 내어 슬피 울었고,
몇몇 사람들은 며칠이고 그 앞에서 무릎을 꿇고 제사를 드렸다.
건물이 불타는 장면을 목도하며 이렇게 슬퍼하는 모습을 나는 본
적이 없었다. 어떻게 이것이 가능한가? 건축은 그 건축을 만들고
이어받은 모든 이에게 속하는 것이기 때문이다. 불타 없어진 숭례

문은 우리 모두가 이제까지 간직했고 앞으로도 이어가야 할 지속적인 가치를 담고 있었다. 이때 문화평론가 이어령은 "그전까지는 돌과 나무로 된 건축물로 비쳤던 것이 불타고 없어져 버리니 저 숭례문이 우리의 몸이요 피인 것을 알게 되었다."라고 말한 바 있다. 이 말은 내가 이제까지 건축을 공부하며 들은 말 중에서 가장 중요하고 확실한 말이 되었다.

그것이 어찌 숭례문뿐이겠는가. 내가 다니던 초등학교도 없어진 지 오래되었다. 이제 남아 있는 것은 아무것도 없다. 학교가 사라지니 옛날에 함께 공부했던 친구들도 찾을 길이 없다. 숭례문처럼 모든 사람이 슬퍼하지는 않지만, 그 학교가 있던 자리에 서 보면 공부하던 모습, 운동장에서 뛰어놀던 모습 그리고 동창생 모두가 되살아난다. 어떻게 이것이 가능한가? 건축은 그 건축을 만들고 이어받은 모든 이에게 속하는 것이기 때문이다. 집은 어떤 것일까? 집은 사람이 만든 다른 모든 사물과는 비교할 수 없을 정도로 살아가는 이유와 목적을 가장 진지하게 담아낸다. 집은 이 땅에서 행복하게 살아야 할 근거지다.

모든 사람은 견고한 물체로 지어지는 건축물을 통해 일상을 경험하고 있다. 밤에 잠을 자고 일어났을 때 자신이 달라졌다고 생각하며 아침을 맞이하는 사람은 아무도 없다. 그 이유는 무엇일까? 잠에 들 때와 잠에서 일어났을 때 나를 둘러싸고 있던 집이라는 환경이 똑같기 때문이 아닐까. 견고한 물체로 움직이지 않는 건물을 지음으로써 나의 환경이 안정되었음을 확인할 수 있다. 아침에 일어나 보니 내가 잠든 곳이 아니라면 정말 큰일이다. 매일 보던 건물이 오늘도 내일도 사라지고 있다면 역시 큰일이다. 건축의 근거가 공동성에 있음을 보여주는 중요한 모습이다.

참고로 이 '공동성'은 여러 사람이 조금씩 자기 것을 내어 함께 사는 커뮤니티를 잘 만들자는 공동체와는 아무런 관계가 없으니 구별하여 이해해야 한다.[74] 또 비슷하게 들린다고 공동성을 공공성公共性, publicness의 한 종류로 생각하는 경우도 있다. 자기 입장에서 '공동성'을 편하게 이해하지 않기를 바란다.

건축가는 자신의 작품을 설계하는 기간 동안, 그리고 건축주에게 가장 많이 설명한다. 그러나 건축은 설계한 사람, 시공한 사람, 안에 사는 사람들보다 훨씬 더 오래 산다. 더 오래 남아 있고 더 오래 세대를 넘어 대를 잇는 사람들이 그 건물을 사용하며 산다. 건축은 지어지고 나서만이 아니라 왜 그 건물이 지어져야 했으며 무슨 이유로 그곳에 오랫동안 서 있는지, 현재를 사는 이들에게 어떤 의미와 보람과 기쁨을 던져 주고 있는지를 설명하지 않으면 안 된다. 건축이 인간 세상에 서 있는 이유다.

건축가가 만드는 '좋은 작품'이란 견고한 물체가 지속적인 가치를 말해주는 건물을 설계하는 것이다. 그러나 이것만으로는 가치가 지속되지는 못한다. 사용하는 사람이 확신을 갖고 사용할 때 건축의 가치는 지속될 수 있다. 견고하게 물리적으로 지속시키는 일은 오늘날의 기술로 얼마든지 가능하다. 그러나 우리가 집을 부수고 동네를 부수고 도시를 부수는 것은 꼭 물리적인 구조물을 부수는 것을 말하지 않는다. 건물과 환경 안에 잠재된 소중한 가치를 알아차리지 못하고 무시해버릴 때 그 가치는 사라진다.

최고의 종교적 행위
스톤헨지를 세운 사람들

사람에게는 장소와 공간을 통하여 공동으로 무언가 분명하게 이해하는 힘이 있다. 이런 힘이 있기에 건축은 지어진다. 건축은 인간의 생활과 마음을 기술로 번역해주는 행위이다. 그래서 먼 옛날에 인간은 스톤헨지를 지었다. 스톤헨지에도 공간은 있다. 수십 개의 돌을 기둥으로 세우고 장소를 차지하고 있다. 지붕이 덮인 내부 공간은 아니지만 몇 겹의 동심원이 안을 향한 기하학적 공간을 만들어낸다.

스톤헨지를 이루고 있는 돌은 인간의 환경을 끊임없이 위협하는 자연의 힘에 대항하기 위한 것이지만, 그 돌의 거대함은 인간보다 훨씬 더 오래 그리고 영원히 인간이 원하는 바를 지속시키려는 바람을 담고 있다. 이 구조물의 공간적 본질은 그것을 만든 이들이 그 안에서 행한 행위와 그 행위 속에 잠재한 종교적인 체험에 있다. 따라서 스톤헨지의 공간은 물체로 둘러싸인 공간에만 머물러 있지 않고, 인간 공동의 가치를 담는 현상 속에 있다.

건축 공부를 시작하고부터 지금까지 건축의 시작이 어디에 있는지를 스톤헨지만큼이나 강하고 끊임없이 질문하도록 만든 구조물은 없었다. 사람이 이 땅에 구조물을 세우는 이유는, 스톤헨지를 만든 브리튼Briton 사람들의 위대한 정신 속에서 찾을 수 있을지 모른다. 건물이라 볼 수 없는 구조물인 스톤헨지를 왜 만들었을까? 그들은 무엇을 위해 무려 4,000-5,000년 전에 저 무거운 돌로 땅 위에 기둥을 세우고 에워싸는 공간을 만들었을까?

인간은 이렇게 땅 위에 기둥을 세울 수 있기 전에 정말로 오랫동안 땅 밑에서 살아야 했다. 그러던 인간이 비로소 땅 위에 기둥을 세우고 인방을 둘러서 하늘을 향하게 되었다. 다시 그 위에 또 다른 돌을 올려 몇 겹의 원을 이루게 했다. 1,000년 이상 걸려 여러 번 고쳐 지어진 이 구조물은 해가 가장 긴 하짓날을 기념하기 위한 비이며, 지붕이 없는 천문대였다. 기둥 돌 한 개의 무게는 무려 5톤이나 되는데, 이 돌들은 이 근방이 아닌 웨일스의 대서양 쪽에 있는 프레슬리산맥Preseli Mountains에서 나왔다. 이 돌을 빙하로 밀포드 헤이븐Milford Haven까지 끌고 온 뒤 해로를 이용하여 브리스톨Bristol의 에이본강River Avon까지 운반한 다음, 마지막으로 이곳까지 끌고 왔다. 가장 짧은 경로만 해도 500킬로미터였다.

과연 누가 이런 구조물을 만들자고 제안했을까? 그리고 이렇게 불가능한 구조물을 짓기로 한 이들은 누구였으며, 동의하고 건설에 동참한 그들을 어떤 힘으로 움직일 수 있었을까? 스톤헨지가 완성되던 날 이 부족이 느꼈을 큰 기쁨을 상상해보라. 이들의 기쁨을 함께하려면 4,000년 전의 그들의 축제 안으로 내 몸을 맡기는 상상을 해보아야 한다.

스톤헨지는 기능으로 보자면 해와 달의 배치를 모방한 것이며, 넓게 펼쳐진 대지 위에 세워진 돌과 땅은 하늘의 운행을 적은 달력이었다. 그러나 그것은 땅 위에서 태양의 빛을 누리는 인간 최초의 구조물이었고, 건축에 대한 공동의 가치를 실현한 최초의 공공 건물이며 기념비였다. 스톤헨지는 하늘에서 일어나는 사건과 땅에 사는 인간의 의식儀式, ritual이 함께 벌어지는 구조물과 장소였다. 의식은 반복하는 일상에서 벗어나기 위한 삶의 에너지를 불어넣는다. 사람이 집을 짓는 이유는 기능을 수행해주기 때문만은 아니다. 집은 기능을 넘어 의미 있는 행위를 하기 위해서다.

스톤헨지를 완성하는 날, 이 부족은 큰 기쁨에 휩싸여 이 공공 건물이자 기념비의 안과 주변에 모여 축제와 놀이에 참여했을 것이다. 건축사가 코스토프는 그것을 의식이라고 표현했다. "그러나 스톤헨지의 의의는 의식에 있다. 넓고 평평한 땅에 선 돌과 흙으로 될 달력에 인간적 의미를 가지게 하는 것은 참으로 의식이다. 유적의 건설에 쓰인 놀라운 기술과 노력을 설명할 수 있는 것도 의식이다. …… 이를 기념하기 위해 공동체는 한자리에 모여 함께 이벤트에 참여한다. 그것은 사람들에게 종종 일상보다도 자신을 커다란 존재로 느끼게 하고, 부족으로서의 자부심을 만족시키는 의식이다. 공공 건축이란 참으로 이런 장소를 만들어주는 것을 가장 높은 목적으로 삼아야 한다."[75] 코스토프의 이 문장은 단순히 스톤헨지에 대한 해설로 읽으면 안 된다. 그는 스톤헨지를 예로 들며 인간이 마음 깊은 곳에 가지고 있는 공동성을 의식이라고 표현하고 있다.

사람들은 살아가는 목적과 의미를 자기의 주변 환경에서 발견한다. 그리고 그곳을 자신의 장소로 만든다. 그러나 내가 그 자리에 그저 서 있거나 앉아 있다고 해서 그 장소가 내 장소가 되는 것이 아니다. 그 장소를 내가 거주하는 곳으로 확정하려면 사물로 집을 짓지 않으면 안 되었다. 그러나 이것이 어찌 자기가 사는 집뿐이었겠는가. 사람들은 자기와 함께 사는 사람들을 위해 탑이며 사원과 같은 구조물을 만들었다. 또 자신이 늘 살고 있는 주택도 우주를 표현하는 것으로 생각했다. 이것이 건축이다.

이 스톤헨지를 예술적이라고 말하기에는 너무 심원하다. 또 이것은 그 시대에 있었던 하나의 용도만으로 보기에는 종교적이다. 이것은 오늘의 우리에게도 무언가 공통되는 바를 그대로 전달해주고 있다. 그렇다면 그들의 삶에서 무엇이 이 구조물을 만들게 하였으며, 이 구조물로 그들의 삶에 무슨 일치를 보았는가? 그리고 건축의 무엇이 우리에게 이런 감정을 전달하는 것일까? 이에 대해 철학자 수전 랭거Susan Langer는 이렇게 말한다. "위대한 건축적 관념은 …… 신전, 분묘, 요새, 공회당, 극장 등으로 발전해왔다. 그 이유는 극히 단순한데, 민족적 문화는 공동적이며 따라서 그 영역은 본질적으로 사회적이기 때문이다."[76] 인간은 이러한 경험을 건축으로 집약해왔다.

놀라움의 감각

터키 남부의 우르파Urfa 근처에는 고대 유적 괴베클리 테페Göbekli Tepe가 있다. 12,000년 전 스톤헨지보다 훨씬 전에 지어졌다고 추정하는 곳이다. 이곳에는 언덕 위에 돌기둥이 스톤헨지처럼 원 모양으로 세워져 있다. 역시 1년 중 어느 날 이곳에 머물며 종교 행사를 치렀을 것으로 본다. 이곳은 비와 바람을 피하기 위한 집이 아니라 종교적 성소이며 순례의 장소였다. 이처럼 인간은 당장 살아야 할 집만 지은 것이 아니다. 만일 괴베클리 테페가 인류가 이 세상에 살면서 지은 최초의 건축물이라면, 사람이 건축을 한 이유는 스스로 유한한 존재임을 인식한 데 있고 죽음에 대면하는 원초적 투쟁을 표현하기 위해서였다.

　　루이스 칸은 이렇게 말했다. "놀라운 초월성이 과연 무엇인지를 훌륭하게 미리 확인해주는 것이 바로 건축이다. 즉 건축은 내가 아는 가장 뛰어난 종교적 행위의 하나다.Architecture is a high test of tremendous transcendence—one of the highest religious acts that I know." 여기에서 'test'란 무언가 그것을 만지거나 짧은 시간 써보고 그것이 무엇이고 어떤 상태에 있는지를 알아보는 것이므로 미리 확인하는 것이라고 옮겼다. 'tremendous'는 라틴어 'tremendus'에서 나온 말로 두렵다는 뜻이다. 종교현상학자 루돌프 오토Rudolf Otto는 성스러움이 "두려운 신비"[77]에서 나온다고 말했다.

왜 건축은 '종교적인 행위'가 되는가? 동물은 생명 보전을 위해 방어나 공격으로 자기 장소나 영역을 획득하고자 한다. 사람도 종족이나 가족을 보전하고 유지하는 것이 아주 중요했다. 그런데 사람이 집단으로 생활하게 되자 종족과 가족을 보전하는 것이 훨씬 더 중요해졌다. 이러한 집단생활이 신화나 종교를 낳게 했다. 그런데 이와 같은 신화와 종교를 위한 수단이 장소와 공간과 음악이었다. 특히 장소와 공간은 종교의 상징성이 아주 강하다. 건축에서 장소와 공간이 중요하다고 되풀이하여 강조하는 이유는 자연의 장소와 우주의 공간에 내재된 리듬이 태고부터 오랫동안 인간의 기억장치에 들어 있기 때문이다. 건축은 장소나 시대를 넘어서 인간 집단의 종교적 행위가 되어왔다.

루이스 칸은 이것을 "놀라움의 감각sense of wonder"이라고 표현했다. 이 감각은 건물을 만들 때만 나타나는 것은 아니다. 그러나 건축은 이러한 감각이 없으면 만들어지지 않는다. 잘 알지 못하는 것에 대한 놀라움의 감각, 둘러싸고 있는 세계에 대한 놀라움의 감각은 그 자체가 근본적으로 종교적 행위다.

종교란 사람의 힘이나 자연의 힘을 넘어선 존재를 중심으로 하는 관념이며 자신과 자신의 주변, 알 수 없는 세계와 관계를 맺는 것이다. 아주 오래전 인간이 이 땅에 살게 된 이후 집은 알 수 없는 세계 안에 자기를 위치시키는 장치였다. 비교종교학자 미르체아 엘리아데Mircea Eliade가 사람이 사는 집이 하나의 세계를 나타내는 모형이라고 말한 것도, 이푸 투안이 "건축하는 것은 원시의 무질서 속에서 하나의 세계를 수립하는 종교적 행위다."[78]라고 말한 것도 이와 같다.

그래서 원시적 건축은 주거인 동시에 그 자체가 하나의 종교 건축이었다. 주택은 매일, 매해, 일생에 거쳐 그들이 존재하는 시간과 공간의 우주를 상징했다. 이렇게 자신의 삶과 세계를 함께 투영하겠다고 만드는 것 중에 집보다 우월한 것은 없다.

질서를 부여하는 것

원시시대에는 집을 세운다는 것이 사람들에게 가장 큰 공동 작업이었다. 집을 짓는다는 것은 주위의 불안한 세계에 대하여 자신이 살 수 있는 장소와 공간을 얻기 위해 질서를 주는 일이었다. 그래서 주택은 세계를 상징한다. 지붕은 하늘이고, 기둥은 산이며, 바닥은 땅이다. 토속적인 주거에서 지붕을 하늘로, 바닥을 땅으로 상징했는데, 둘러싸고 있는 세계를 '놀라움'의 대상으로 보았다. 자신을 둘러싼 세계에 대해 놀라움이 없었다면 알지 못하는 것을 두려워할 리도 없고, 아는 것으로 모르는 것에 질서를 부여하지도 않았을 것이다.

몽골 주택 게르ger의 한가운데 화로에는 함부로 다룰 수 없는 수호신이 있다고 생각한다. 둥근 게르 안에 있는 사각형 화로는 각각 여성과 남성을 나타낸다. 지붕은 하늘을 나타내고 연기가 빠져나가는 구멍은 '하늘의 눈'으로 여긴다. 땅바닥, 화로를 감싸는 목제 프레임, 주전자가 놓인 철로 만든 삼각대, 화로 안의 불은 각각 오행五行을 나타낸다. 도곤족의 무리 주거에도 구역마다 종교시설을 따로 두었고, 푸에블로족도 '신성한 방'이라는 뜻의 키바kiva에서 종교의식을 열었다. 키바는 우주를 나타내고, 지붕과 벽은 하늘을, 바닥은 땅을 의미했다.

사람들은 모르는 것을 두려워한다. 그리고 잘 아는 것은 완전히 익히려 한다. 해와 달과 동물은 어디서 왔으며, 사람이 태어나서 살아가는 의미가 무엇인지, 또 죽은 이의 영혼은 어디로 가는지 생각하며 산다. 그래서 사람들은 자기가 바라보는 현상을 어떤 질서에 넣고 세상을 이해하려고 한다. 자기 조상과 닮은 형태를 만들고, 동물처럼 춤을 추며, 영혼을 부르는 가면을 만들었다. 사람들은 이렇게 잘 모르는 것은 잘 아는 것으로 질서를 부여해야 의미를 발견할 수 있었다. 또한 자기가 만든 것이 우주를 상징하고 의식의 초점을 이룬다고 생각했다.

모르는 것은 두려워하고 이미 알고 있는 것은 더 익숙하게 만들려는 것은 인간의 오래된 마음이었다. 사람은 어디서나 주변에 있는 사물, 자기가 만든 사물로 자신들이 사는 환경을 설명하고 자신들이 지각하며 사는 장소를 설명한다. 사람들은 자기를 둘러싼 천체에 해와 달이 있고, 딛고 있는 땅과 그 위에서 함께 사는 동물과 식물이 어디에서 왔는가 신비를 느꼈다. 또 잉태와 탄생에 대한 신비도 생각했다. 이러한 것들이 그들의 삶에 의미를 주고 살아가는 목적을 드러내는데, 바로 종교와 믿음의 중심이다.

사람들은 이런 종교적 관심에 체계를 만들었다. 형태는 천체를 닮고 춤은 동물을 닮으며 정신적인 행사에는 가면을 쓰고 초자연적인 힘을 부른다. 이 모든 것들은 우주를 상징한다. 상징을 구체화하기 위해 사람들은 크게는 탑과 사원을 짓고, 신체에 맞게는 자기가 사는 집에서 우주를 재현한다. 지금이야 도시 안 무수히 높은 건물에 둘러싸여 자기가 사는 집은 주변에 비해 아주 작지만, 둘러보면 아무것도 보이지 않는 유목민에게는 자기 집이야말로 사람이 만든 가장 큰 사물이고, 자신은 환경에 투영되는 가장 직접적인 사물이었다.

19세기 독일 시인 노발리스Novalis는 "보이는 것은 보이지 않는 것에 닿아 있고, 들리는 것은 들리지 않는 것에 닿아 있다."라고 했다. 눈에 보이는 건축물은 인간의 바람이라는 보이지 않는 곳에 닿아 있고, 그 깊이는 건축이 인간에 대하여 지니는 깊이인 것이다. 발터 베냐민도 "구조물을 짓는 행위는 무의식이 하는 역할을 실행해준다."라고 한 바 있는데, 같은 내용을 말한 것이다.

건축은 모르는 세계에 질서를 부여하며 이것으로 인간이 지니는 공동의 가치를 표현한다. 건축은 인간이 만든 것이되, 인간이 만든 것 중에서 가장 근원적인 작품이다. 왜 그런가? 아주 오래전부터 인간은 자신과 자신을 둘러싼 주변, 알 수 없는 거대한 세계와 관계를 맺기 위해 건축을 만들었다. 인간이 만든 실용적인 도구는 누가 사용하더라도 똑같은 결과를 얻는 데 있다.

루이스 칸은 "건축은 내가 아는 가장 뛰어난 종교적인 행위의 하나다."라고 말했다. 그는 무한한 세상, 알 수 없는 세계, 인간 누구에게나 있는 공동의 가치를 '잴 수 없는unmeasurable'이라고 불렀고, 그 잴 수 없는 것을 물질로 미리 확인하기 위한 것을 '잴 수 있는measurable'이라고 불렀다. 무슨 뜻일까? 건축은 엄숙하다는 뜻인가? 그렇지 않다. 칸은 건축이란 종교가 그렇듯 무한한 세상, 알수 없는 세계, 인간 누구에게나 있는 공동의 가치에 대한 관계를 건축으로 확인하고 회복할 수 있다고 보았다. 건축은 사람에게 그 질문을 던지는 존재다.

공동성과 공통 감각

누구나 가진 공통 감각
같은 경험과 감정

건축의 본질을 '공간'이라고 보는 입장도 있다. 이탈리아 건축가이자 건축역사가인 브루노 제비Bruno Zevi의 주장이 대표적일 것이다. "건축한다는 것은 넓이와 높이, 그 밖의 여러 요소가 합쳐진 것이 아니다. …… 오늘날 우리가 건축에 줄 수 있는 가장 정당한 정의, 그것은 '내부 공간'에 관한 것이다. …… 공간은 건축의 시작이며 마지막이다."[79] 그러나 이것으로 다 되는 것일까?

사람들은 살아가면서 다른 경험을 하고 그 경험을 생각하는 방식도 다르다. 그런데도 사람들은 똑같은 경험을 하려고 같은 장소에 모인다. 함께 식사하기 위해 식당을 찾아 가까운 사람들과 널찍한 테이블에 앉기도 하고 창가에 마련된 자리나 벽에 기댈 수 있는 자리를 찾아 앉는다. 같은 자리에 앉은 사람들은 제각기 그들만의 이야기꽃을 피우며 함께 식사한다. 다른 자리에 앉은 사람들이라도 이 식당에 함께 있다. 그러다가 식당을 떠나 집 또는 거리에서 이 식당에서의 경험을 기억하며 이야기를 공간의 경험 안에서 나누게 될 것이다. 같은 크기의 공간이라도 그 안의 환경에서 경험되는 감정은 모두 다르다.

그러나 건축에서는 어떤 공간에 대한 감정이 공통적일 때가 있다. 스베레 펜이 스웨덴 노르셰핑Norrköping에 설계한 빌라의 한 장면을 생각한다. 주택 모퉁이에는 커다란 창이 나 있고, 탁자 위에서 아이가 졸고 있다. 이 자리는 가족이 모여 자연을 바라보며 조용히 이야기하는 곳이지만 아이의 작은 놀이터이기도 하다. 스베레 펜은 이 주택의 모퉁이 부분을 아주 소중하게 여겼다. 이 모퉁이들이 주택 전체에 빛을 주는 원천이기 때문이다. "모퉁이는 하루의 행위를 반영한다. 밤이 되면 창턱에 놓인 아이의 물건은 하루가 사라지고 있음을 생각하게 만들고, 화분에 심은 식물은 아침의 햇살을 기다리고 있다. 이렇게 이 모퉁이는 하루를 시작하고 하루를 마치는 장소다."[80]

이 공간은 자연에 대면하는 장소이고, 빛으로 하루의 흐름을 읽는 장소이며, 사람이 바뀌어도 자신이 이 주택에 살고 있다는 거주 감각을 확인하는 자리다. 작은 공간이지만, 누구에게나 이 공간에 머물고 싶은 마음이 일어나는 곳이다. 그렇다면 방에 앉아 자연을 내다보고 빛을 즐기는 인간의 깊은 바람에는 사람과 지역을 넘어서는 공통의 감각이 존재한다.

회화, 조각 등 다른 예술과 비교해 건축은 더 공간적이다. 그러나 건축만이 공간을 가지는 것은 아니다. 회화에는 회화적 공간이 있고, 조각에는 헨리 무어Henry Moore의 조각처럼 빈 부분을 가진 조각적 공간이 있다. 또한 전혀 내부 공간을 갖고 있지 않은 로마의 개선문도 조각이 아니라 건축이다. 다른 예술과 비교하며 공간으로 건축을 규정하는 것은 나름대로 의미는 있지만 그렇다고 '공간이 건축의 시작이며 마지막'이라고 단정 지을 수는 없다. 물리적인 크기로만 결정된 공간을 건축의 공간이라고 여긴다면 건축에 대한 포괄적인 본질로는 공허하다.

조각가 오귀스트 로댕Auguste Rodin은 건축 공간의 현상적 성질에 주목한다. "건축은 가장 두뇌적인 예술이고 동시에 가장 감각적인 예술이다. 모든 예술 중에서 인간의 모든 능력을 가장 완전히 요구하는 예술이다. 다른 어떤 예술에서도 이만큼 창조와 이법理法이 활발하게 관계하고 있는 것은 없다. 그러나 또 건축은 가장 엄격하게 분위기의 법칙을 따르는 예술이다. 그렇게 말하는 것은 건축물은 항상 분위기 속에 담겨 있기 때문이다."[81] 그가 말하는 분위기란 공간 속에서 빛과 그림자가 작용하는 현상을 말한다.

건축가 루이스 칸은 공간의 현상적인 가치에 주목한다. "건축가는 면적을 공간으로 바꾸어야 한다. …… 그는 공간을 다루고 있다. 그것은 단순한 감정이 아니라 앰비언스ambience의 감정이다. 공간이란 무언가 다른 것을 느끼는 장소다."[82] 이때 공간의 앰비언스란 어떤 장소가 지닌 특성이나 분위기를 말한다. 그러나 건축은 이미지가 아니다. 이미지에서 사람이 살 수 없고 따라서 건축은 이미지로 설명할 수 없다. 그리고 건축은 개인을 훨씬 넘어선 것이라, 사회에 대하여 공유할 수 있는 무언가를 계속 생각하고 찾고 만들어가는 실천이다.

상식, 공통 감각

사람들은 모든 것을 똑같이 의식하지는 않지만 비슷하게 생각하고 느끼는 경우가 많다. 건축학과 학생들이 감탄하는 건물 사진을 아무런 설명을 하지 않고 초등학생에게 보여주면, "와!" 하며 어른과 똑같은 반응을 보인다. 이들은 내가 무엇을 이야기하려 하는지 틀림없이 미리 알고 있다는 느낌을 받을 때가 많다. 특히 사람은 만드는 것과 만들어지는 것에 관하여 다른 사람과 의식을 공유하게 되어 있다.

사람은 자신을 둘러싼 일상생활에서 느낀 것, 지각한 것, 생각한 바를 만들고 표현한다. 한 사람 한 사람 제각각 일상을 경험하는데, 일상의 경험 위에서 만들어진 앎을 '상식'이라고 한다. 상식은 사물을 지각하고 이해하고 판단하며 모든 사람이 함께 나누는 기본적인 능력이다. 게다가 일상생활과 무관한 탁월한 지식이란 어디에도 존재하지 않는다. '바늘구멍에 황소바람 들어간다'라는 경험은 베르누이 방정식Bernoulli's Equation이 되고, '빈 수레가 요란하다'는 공명 현상을 말하며, 떨어지는 사과를 보고 만유인력의 법칙을 발견하지 않았는가. 지식이나 이론이나 기법이 일상생활과 아무런 관련이 없다면 이것들은 무의미하다.

사용자마다 용도마다 또 건물이 놓일 장소마다 모두 다른데도 이를 묶어주는 것이 없다면 건물이 어떻게 이 땅에서 설 수 있을까. 어떤 사물이 있을 수도 없을 수도 있고, 일어날지도 일어나지 않을지도 모르지만, 대체로 그럴 것이라고 예견되는 진리가 또 있다. 이것을 개연적인 진리라고 하는데, 개연적인 것은 확실하지 못해서가 아니다. 그것은 특히 '발견'과 관련될 때 매우 적극적인 의미가 있다. 이것은 과학처럼 증명 가능한 객관적인 진리로 설명할 수 없다. 사람은 모두 자기를 표현하며 자신의 존재를 확인하는 데도, 사람이기에 함께 지니는 공동의 가치로 묶이고 표현된다.

한편 'common sense'는 영어로 상식이라고 하지 않는가. 상식은 언제나常 알고 있는 것識이라는 뜻이다. 사람들이 사회 안에서 공동으로common 가진, 판단할 줄 아는 감각sense이나 판단력이라는 말이다. 사람들이 보통 알고 있거나 알아야 할 지식을 말한다. 여기에는 판단력도 포함된다. 누구에게나 당연한 것, 누구에게나 자명한 것, 보편적으로 이러하리라고 대부분의 사람들이 인정하는 것이다.

이 말을 바꾸면 공통적인 감각이다. 사람의 감각은 시각은 시각대로 촉각은 촉각대로 따로 감지하는 것이 아니라, 서로 다른 감각이 공통으로 통합됨으로써 사물을 파악함을 의미한다. 이런 전체적인 감득력을 '공통 감각sensus communis'이라 한다.

자기 삶을 사물의 존재 방식이나 주위 사정에 비추어 판단한다고 주장한 사람이 있었다. 18세기 초 이탈리아 철학자 지암바티스타 비코Giambattista Vico였다. 그는 인간 존재가 다면적이며 이에 근거한 개연적인 진리는 문제의 발견으로 이어진다고 보았다. 그리고 객관적으로 분명하게 증명할 수 있는 것만이 진실이 아니며, 진실 같은 것, 즉 개연적으로 올바른 것에 대하여 우리가 판단할 수 있다고 생각했다. 따라서 '진실 같은 것' 위에 더 근본적인 '공통 감각'이 성립한다는 것이다.[83] "공통 감각이란 어떤 한 집단 전체가, 즉 주민 모두, 민족 모두, 인류 모두가 공통으로 느끼는 판단이며, 반성의 결과로 생기는 것이 아니다."[84]

이것은 이성으로 파악된 심오한 진리가 아니라, 인간이라면 공통적으로 이해하고 받아들일 수 있는 감각을 말한다. 이런 이유에서 비코는 '비판의 방법critica'이 아니라 '발견의 방법topica'을 강조했다. 그렇다면 비코의 이런 주장과 생각은 건축하는 이들에게 아주 큰 토대를 보여준다. 건축은 이성으로 파악된 심오한 진리가 아니다. 그의 말을 빌려 쓰면, 건축은 인간이라면 공통으로 이해하고 받아들일 수 있는 감각 위에서 지어진다.

한편, 철학사상가 한나 아렌트Hannah Arendt는 "세계는 그곳에서 개인이 나타나기 이전에 존재하고, 그가 그곳에서 사라진 후에도 남아 있다. 사람의 삶과 죽음은 이러한 세계를 전제로 하고 있다."[85] 여기에서 세계란 산천초목이 우거진 자연의 세계가 아니다. 인공의 공작물로 둘러싸여 우리가 살고 있는 공간을 말한다. 그만큼 사람이 만든 인공의 세계는 지속적인 공간이다.

아렌트는 이런 공간을 공유하고 있다는 감각이 '공통 감각'이라고 말한다. "세계는 모든 이에게 공통common이다. 공통은 세계의 유일한 성격이다. 그렇기에 우리는 세계의 리얼리티를 판단할 수 있다. …… 리얼리티에 적합한 유일한 감각이 공통 감각이기 때문이다."[86]

"모든 이에게 공통인 세계"란 어려운 말이 아니다. 그것은 내가 아닌 다른 사람, 내 규칙에 동의하지 않은 다른 사람인데도 그들과 같은 공간 안에 있고 그것을 공유하고 있다고 느끼는 감각이다. 건축을 설계한다는 것은 과연 무엇인가? 서로 모르는 사람들인데도 같은 공간에 있고 공유하고 있음을 현실 속에서 직접 느낄 수 있는 것이 건물이고 주거이고 길이 아닌가. 아렌트는 '공통 감각'이라는 말로 사람들이 이 세계를 살면서 현실을 인식하는 가장 중요한 장소가 건축임을 우리에게 알려준다. 그곳에서 공유하는 공통 감각이 없다면 건축은 실현될 수가 없다.

만나고 모이는 사물의 표현

이런 의식을 가진 사람들은 누구나 세상을 살아가면서 무언가를 만든다. 책을 만들든지 영화를 만들든지 가구를 만들든지 옷을 만들든지 무언가를 만든다. 그러나 사람은 그저 한낱 책으로만 가구로만 옷으로만 그치는 무엇을 만들지 않는다. 만든다는 것은 곧 자기의 표현이다. 학자는 책으로 자기를 표현하고 장인은 가구로 자기를 표현하며 패션 디자이너는 옷으로 자기를 표현한다.

사람들은 만들고 표현하며 살아간다. 결코 건축을 공부하는 사람만 표현하는 것이 아니다. 인간에게 살아가는 것은 만들고 표현하는 것이며, 만들고 표현하는 것이 곧 살아가는 것이다. 건축가가 사람을 바탕으로 사람이 사는 건물을 설계하고자 한다면 바로 이 사실을 올바로 이해하지 않으면 안 된다. 이러한 사실에 주목한 건축가가 루이스 칸이었다. 그는 "desire to be/to express"라고 간명하게 말한 바 있다. 사람에게 "있고자 하는 것desire to be"과 "표현하고자 하는 것desire to express"이 서로 교차한다는 뜻이다.

컵에 붙은 손잡이는 컵의 몸체에 담긴 물과 그것을 마시는 내 몸을 이어준다. 나무뿌리는 같은 흙에서 다른 뿌리와 엉켜 있다. 어떤 사물의 부분은 그것보다 더 작은 부분을 공통으로 가지며 서로 이어져 있다. 사람의 의식도 다른 사람과 공유하는 바가 있듯이, 사물에도 다른 사물과 공유하는 부분이 있다. 의식과 사물은 공유하는 것이므로, 사람은 사물로 공유하는 바를 표현하고, 사물은 사람이 공유하는 의식을 구체화한다.

벽, 지붕, 기둥, 계단 그리고 벽돌, 콘크리트, 나무…… 건축에서 이 모든 물질은 그 안에 모인 사람들과 그들의 행위와 함께 있다. 영어 'thing'은 생명이 없는 사물, 물건을 뜻하지만, 이 말의 어원은 '사람들이 공동으로 만나고 모이는 것meeting, assembly'이었다. 나중에 전체, 존재, 사물이라는 뜻을 가지게 되었고 행동, 행위, 사건, 물질적인 대상 등을 나타내는 말이 되었다. 이상하지 않은가. 사물, 물건의 어원이 사람들의 만남과 모임이라니 말이다. 물론 이는 건축물에서만 해당되는 말은 아니지만 건축물을 통해서 보면 아주 분명히 나타난다. 그렇다면 이렇게 말할 수 있다. 사람이 만드는 가장 큰 사물의 하나인 건물을 짓는다는 것은 사람들의 공동의 모임과 행위를 물질로 담아내는 것이다.

건물 설계는 늘 새로운 생각을 끄집어내는 것이라 마치 다른 사람이 이제까지 만든 적이 없는 것을 발명해 만들어내는 무언가로 여기기 쉽다. 그러나 그렇지 않다. 먼 옛날에 지어졌어도 그 건물에 감탄하고 동의하며 대화할 수 있다. 모든 건물은 용도도 다르고 지어지는 장소와 사회도 다르다. 특정한 사회를 위해 지어지고, 특정한 장소에 특정한 용도를 위해 지어진다. 또한 건물 하나를 세우는 데에는 많은 사람이 관계하고 많은 의견이 나타난다. 설계란 이러한 수많은 의견 안에 잠재해 있는 공통의 가치관에 구체적인 형태를 주는 것이다. 그 건물 안에는 공동의 가치가 있고, 우리에게는 그 가치를 공통으로 느끼는 감각이 있기 때문이다. 만일 이것이 사실이 아니라면 건물은 세워질 수 없다.

인간에게 공통 감각이 없으면 "무량수전 배흘림기둥에 기대서서 사무치는 고마움으로 이 아름다움의 뜻을 몇 번이고 자문자답한다."라는 최순우의 글에 마음이 공명할 리 없다. 부석사의 훌륭함은 축 위에서 전개되는 다채로운 장면에 있지 않고, 창건주 의상대사가 자리를 잡은 이후 지금까지 변함없이 건축물 안에 종교의 본질을 간직해온 까닭이다. 건축은 인간의 공동성을 이어주는 다리와 같다.

건축과 공통 감각을 이해했다고 하자. 그러면 건축설계를 하며 이것을 어디에 어떻게 적용할 수 있을까? 유치원을 예로 들어보자. 유치원을 짓기 위해서 무엇을 가장 먼저 생각하게 될까? 일찍부터 영어를 가르치는 유치원을 구상할 수도 있겠다. 혹은 이와 달리 어릴 때부터 사람으로서 배워야 할 바, 곧 남에 대한 배려 그리고 자유로이 마음껏 뛰노는 것을 배우게 해야겠다고 생각했다 치자. 그러면 이 영어 배우기와 배려 가운데 어느 것이 더 소중한 것인가? 판단하는 데에는 객관적인 진리가 필요하지 않다. 동의하며 대화할 수 있는 개연적인 진리, 공통 감각이 요구된다.

자유롭게 뛰놀게 하려면 어떤 장치가 필요할까? 유치원 원장과 건축가가 커다란 나무 그늘 밑에서 아이들이 자유롭게 뛰놀며 자연을 배우게 하자고 생각했다고 치자. 그러면 높은 나무, 진한 그늘, 아이들이 뛰어노는 바닥 재료 등의 사물이 아이들에게 공통 감각을 준다. 의식에도 공통의 감각이 있고 사물에도 공통의 감각이 있다.

루이스 칸의 공동성
본성을 찾는 건축

공동성이란 개념을 건축에서 처음 말한 사람은 루이스 칸이었다. 그에게 공동성은 건축의 출발점이었다. 그는 "침묵과 빛" "폼과 디자인" 등 여러 개념으로 건축의 본질을 말했지만, 이것은 모두 '공동성'으로 이어진다. 그의 건축의 핵심은 "침묵의 본질이 공동성이다."라고 요약할 수 있다. 그러나 공동성은 특수하지도 일반적이지도 않다. 인간의 생각 안에 이미 깊이 들어가 있다. 그래서 공동성이다. "두루 퍼져 있는 질서, 두루 퍼져 있는 공동성 …… 공동성은 예술의 정신이며, 예술 작품은 예술에 바쳐진 것이다."[87]

그는 '공동성'에 대하여 여러 이야기를 했다. 공동성에 대한 감각이 없으면 인간의 합의도 없으며, 결국 '시설institution'이라는 말로 표현된 건축물도 만들어지지 않는다고 했다. "사람은 자신이 실천하기 위한 어떤 장소를 가지고 있다는, 아니 그런 장소가 주어져 있다는 영감 없이는 다른 사람과 공동체를 만들어갈 수 없다."[88] 그리고 공동성이 건축, 시설, 도시를 만드는 원동력이라고 단언한다. "간소한 거주지에서 시작한 도시는 여러 시설들이 집합하는 장소가 되었다. 시설 이전에는 본성에 의한 합의, 곧 공동성의 감각이 존재하고 있었다."[89]

왜 이런 주장이 가능한가? 건축은 사람들의 합의로 성립하는 것인데, 만일 공동성이 없다면 합의도 없을 것이고 따라서 건축은 성립할 수 없기 때문이다. "인간의 합의는 모든 종들이 같은 소리로 울려 퍼지는 친밀한 관계, 곧 공동성의 감각이다. …… 인간의 합의는 항상 존재해왔으며, 또 앞으로도 항상 존재할 것이다."[90] 사실 인용문을 그냥 읽으면 무엇을 뜻하는지 금방 알 수 없을 것이다. 그럼에도 이것은 코르뷔지에나 미스에게는 볼 수 없었던 매우 중요한 사고이고 현대건축의 길을 연 소중한 사고였다.

루이스 칸이 공동성에 근거한 건축을 강조한 이유는 시설의 본래 의미가 어떠한지 물어야 비로소 근대건축의 경직된 상황을 돌파할 수 있다고 보았기 때문이다. 사실 우리가 살고 있고 설계하고 있는 수많은 건물은 모두 이런 문제에 직면하고 있다. 그런데도 우리 주변에는 참으로 많은 건물이 인간과 건축의 존재를 조금이라도 묻지 않은 채 지어지고 있지 않은가. 학교는 학교인데 배움이나 교육과는 거리가 먼 학교, 구청사는 구청사인데 시민을 위한 친밀한 시정과는 거리가 먼 구청사, 노인을 위한 시설인데 겉보기와 달리 노인의 일상적인 삶과는 거리가 먼 복지시설, 아파트라 사람이 많이 살기는 하는데 모여 사는 진정한 즐거움을 말하지 못하는 집합 주택 등. 어떤 건물이든지 크건 작건 사람의 삶과 진정성과 관계없는 집은 하나도 없다. 만일 우리가 이러한 것과 무관한 집을 설계하고 짓는다면 무슨 자랑이 있고 보람이 있을까.

크건 작건 사람의 삶과 진정성에 관계있는 건물을 설계하려면 '공동성'에 근거해야 한다. 칸은 그것이 "공동성에 근접하고 있는 바 …… '아직 말하지 않은 것' '아직 만들어지지 않은 것'에 대해 응답하는 사람들 안에 있다."[91]고 말했다. 새로운 건축은 삶의 진정성에 조금이라도 가까운 건물을 설계하는 것으로, '아직 말하지 않은 것'이자 '아직 만들어지지 않은 것'이다. '이미 말한 것' '이미 만들어진 것' '이미 모두 그렇다고 말하는 것'의 밖에 서는 것이다.

흔히 부엌이 무엇이냐고 물으면 집 안에서 음식을 만드는 장소, 또는 음식을 만들기 위한 장소로 말한다. 그러나 이렇게만 생각하면 부엌에 대하여 더 말할 것이 없다. 음식을 만들면서 어떤 시간을 보낼지 찾는 장소로 부엌을 바꾸어 말하면, '아직 말하지 않은 부엌' '아직 만들어지지 않은 부엌'을 생각할 수 있다. 만일 뒤에 말한 것이 더 옳다고 느낀다면 우리가 부엌에 대해 더욱 진정성이 있는 어떤 공동성을 가졌기 때문일 것이다.

오래전 나의 스승 고야마 히사오香山壽夫 교수와 함께 부석사에 갔을 때 일이다. 해가 질 무렵에 도착한 데다가 자주 보던 절이라, 나는 그저 의자에 가만히 앉아 선생이 보고 있는 모습만 구경하고 있었다. 그런데 그는 남들이 가지 않는 요사채 앞에 벗어 놓은 스님의 신발과 어둑한 저녁 방을 밝히는 전등 불빛을 아주 관심 있게 바라보고 있었다. 그는 나에게 다가와 일본의 스님은 출퇴근을 하는데, 한국의 스님은 이렇게 요사채에서 기거한다는 사실에 놀랐다고 말했다. 이것은 한국과 일본의 문화적 차이를 말하는 것이 아니다.

어떤 건물은 '사람이 살며 수도하는' 사찰이 되는데, 어떤 건물은 '사람이 출퇴근하는' 사찰이 되는지 묻는 것은, 어떤 건축은 무언가의 본성에 가깝고, 어떤 건축은 무언가의 본성과 무관할 수 있다는 것, 따라서 어떤 건축은 종교에 대한 '공동성'에 가깝지만, 반대로 어떤 건축은 '공동성'에 전혀 근거하지 않음을 말하고 있다. 그에게 부석사의 요사채는 '아직 말하지 않은 것'이자 '아직 만들어지지 않은 것'이었다. 나의 건축적 태도는 이날 이 장면으로 결정되었다.

칸은 학교를 어떻게 설계할 것인가 하는 문제에서, "지금의 학교는 학교의 근원적 정신과는 거리가 멀다. …… 학교의 정신은 공동성의 감각 안에서 마치 그것이 처음으로 자각되고 있듯이 파악되어야 한다."[92]라고 함으로써 새로운 학교라는 건물을 설계하지 않으면 안 된다고 믿었다.

이것은 도서관에 대해서도 마찬가지다. 지금 우리가 사용하는 도서관이 다 제대로 된 것은 아니다. 그저 책만 빌리러 가는 도서관, 여러 책을 접할 수 없고 번호만 적어내면 대출계 직원이 알아서 찾아주는 도서관, 책을 찾고 읽으러 가는 것이 아니라 시험공부하러 간다고 여기는 도서관 등. 이런 도서관에 의문을 갖게 되면 어떤 도서관이 우리 모두에게 필요한 도서관일까 묻게 된다. 이때 이런 도서관과 저런 도서관 사이에 '아직 만들어지지 않은' 도서관이 있음을 느끼게 된다. 칸은 도서관을 'library'라고 바로 쓴 것과 이탤릭체로 비스듬하게 쓴 *'library'*를 구별하여 말했다. 왜 그랬을까? 그냥 쓰면 이것이 지어진 건물만을 뜻하기 때문에, 공동성을 말하려면 달리 표현할 필요가 있었다. 그래서 도서관이라는 건물은 'library'로, 도서관의 본성은 *'library'*로 표기했다.

집과 '이 집'

어떤 사람을 그저 사람이라고 한다면, 그 사람을 개체로 생각한 것이다. 그러나 어떤 사람을 '이 사람'으로 바라본다면, 그 사람을 하나밖에 없는 고유한 단독자單獨者로 생각한 것이다. 마찬가지로 주택이라고 할 때와 '이 주택'이라고 할 때 분명히 다른 무언가가 작용한다. 주택이라고 하면 어디에나 있는 주택이며 주택이라 정의하고 분류해서 이해하는 주택이다. 그러나 '이 주택'이라고 하면 다른 곳에도 많이 있지만 그것들과는 다른 바로 이 주택만이 가진 무언가의 고유성을 가리킨다. 따라서 루이스 칸이 주택a house과 주택이라는 것house을 구별한 것은 개체인 주택과 '이 주택'을 구별하기 위한 것이다.[93]

나의 스승이 언급한 출퇴근하는 사찰은 어디에나 있고 일반적으로 정의하고 분류한 사찰이며 개체로 파악된 건축이다. 그러나 스님들이 안에 기거하며 수도하는 부석사의 요사채는 본성, 곧 공동성에 근접한 '이 사찰'이다. 따라서 이 사찰은 고유한 단독성이 있으며, 그 스님들도 이 세상에서 단독자로서 수도하고 있다.

단독성singularity이란 단적으로 '이 사람'이라고 했을 때 일반적인 사람의 범주에도 속하면서 동시에 어디에도 속하지 않는 무언가가 그에게 있음을 뜻할 때의 성질과 같다. 단독성이란 개별성과 구별된다. 개별성은 똑같은 것이 반복되는 일반성generality에 대한 개별성이다. 개별적인 것 중에서 하나밖에 없으면 그것은 특수한 것이 된다. 그러나 하나밖에 없는 단독성은 특수해서가 아니라 누구에나 무엇에나 있는 보편성을 상대로 성립한다. 부석사의 요사채가 단독성을 가진 건물이 되는 것은 '종교'라는 보편적인 성질, 곧 공동성에 대하여 파악된 단독성이다. 곧 단독성은 보편성, 곧 공동에 대하여 생기는 관념이다.[94]

"침묵에서 빛으로, 빛에서 침묵으로

그것들이 교차하는 경계가 단독성이며 영감이다."

칸이 말한 단독성 또한 보편성을 상대로 한다. 그는 이런 보편성을 '공동성'이라고 말했다. "우리는 모두 단독자이며, 누구도 다른 사람과 같지 않다."[95] 칸의 이런 입장은 그리스인과 달리 보편성의 관점에서 개체를 생각한 히브리인의 사고와도 같다. "이스라엘인이 생각한 개념은 구체적인 개체 사물이나 개체 현상에서 연역된 추상적인 것이 아니라, 개체 사물이 내포하고 있는 실제적 전체성이다. 보편개념이 그들의 사유를 지배하고 있는 것이다."[96]

사이에 서게 하는 것

군자삼변君子三變이라는 말이 있다. 군자는 세 가지 서로 다른 모습의 변화가 있어야 한다는 말인데, 멀리서 보면 의젓한 모습의 변화, 가까이 대하면 대할수록 느껴지는 따뜻한 인간미의 변화, 말을 들어보면 논리적이고 합리적인 언행의 변화가 있다는 뜻이다. "멀리서 바라보면 엄숙한 사람, 가까이 다가가면 따뜻한 사람, 말을 들어보면 합리적인 사람.望之儼然, 卽之也溫, 聽其言也厲." 세 번 변한다는 군자처럼, 건물도 멀리서 보면 단순하며 엄숙하고, 안에 들어서면 빛과 친밀감으로 따뜻하며, 가만히 풍경을 보고 바람 소리를 듣게 되는 자연스럽고 합리적인 공간이어야 한다.

칸은 다음 이야기를 예로 든 적이 있다. 어떤 학생이 설계 시간에 담당 교수에게 칭찬을 받았는데, 그 학생이 대학 캠퍼스를 나서며 벅차오르는 기쁜 감정을 누를 길이 없어 대학 경당chapel을 향해 눈짓을 했다는 것이다. 얼핏 들으면 잘 이해되지 않는다. 아마도 그때 미국에서도 우리나라 대학의 설계 시간처럼 학생을 비판만 하고 칭찬에는 인색했던 모양이다. 칸은 왜 이때 경당에는 눈짓하면서, 체육관이나 교실이나 다른 건물에는 그러지 않았느냐고 묻는다. 이것은 경당이라는 건물이 왜 존재하는가를 묻는 것이다. 칸은 이렇게 말했다.

> "경당에는 결코 들어가지는 않는 이들을 위한 공간,
> 가까이 있으면서도 들어가지 않는 이들을 위한 공간,
> 그리고 경당에 들어가는 이들을 위한 공간"

그는 경당이라는 건물과 관련된 사람을 셋으로 보았다. 아예 안 들어갈 사람, 가까이에 있기는 해도 안에 들어가지 않을 사람, 그리고 그 안에 들어갈 사람. 이것은 경당에 세 종류의 공간이 나뉘어 있다는 뜻이 아니다. 공간에 대한 입장은 다르지만 이들을 위한 공간이 경당에 함께 있어야 한다는 생각이다. 경당은 하느님께 감사의 제사를 드리기 위한 공간으로 지어지는데, 경당에 대한 사람들의 바람은 한 가지가 아니다. 칸은 경당 안에 들어가기는 하였으나 아직 마음의 결정을 내리지 못한 이에게도, 또 들어가지는 않지만 언젠가는 나도 가야지 하고 마음먹는 사람에게도, 나아가 저것이 길가에 있는 경당 건물이구나 하고 아무 생각 없이 이 건물을 스쳐 가는 사람 모두에게 준비된 공간이어야 한다고 말한다.

같은 시기의 기능주의 건축가는 당연히 이렇게 생각하지 않았다. 경당은 그 안에 들어가 예배를 드리기에 적절한 크기와 설비가 기능적으로 잘 갖춰 있으면 해결되었다고 보았다. 그렇게 만드는 것이 원칙이었다. 또 이럴 수도 있다. 예전부터 많이 보아 온 대로 로마네스크Romanesque나 고딕 양식으로 경당을 지으면 된다고 생각하는 이들도 있을 수 있다. 누구에게나 눈에 익은 양식으로 지으면 곧 경당이 된다는 생각이다. 이것은 사전에 이미 정해진 가치를 건물로 재현하는 태도다.

경당은 과연 누구를 위하여 있는가? 꼭 그 안에 들어가는 이들을 위해서만 지어지는가? 가까이 있으면서 그 안에 들어가지 않는 사람들에게 경당은 아무런 공간을 마련해주지 않는가? 아니

면 아예 들어갈 생각이 없는 이들에게는 의미가 전혀 없는 건물이라는 말인가? 그 안에서 미사를 드리는 이들을 위해 설계해야 함은 당연하다. 그러면 이 건물의 그늘이 좋아 가까이에 와 있는 이들을 위한 공간은 필요하지 않은가? 아주 멀리 떨어져서 바라보기만 해도 이 경당에 바라는 바가 있지 않겠는가? 칸은 이러한 생각을 불러일으킨다.

이런 생각은 도시 안의 경당이라는 건물에 대한 공동의 가치였다. 칸은 그 건물에 대한 공동의 가치를 묻고 발견하고자 했다. 서로 다른 위치에서 가치가 동등하게 다루어지고, 같은 가치가 건축에서 도시로 확산된다. 건물과 도시 그리고 그 사이에 있는 영역, 개인적인 기도 공간에서 그 집에 가까운 장소, 그리고 그곳에서 떨어져 도시에 가까운 장소. 안에서 시작하여 밖을 향해 농도가 엷어지지만 건축물은 계속 연장되고 있다. 현대건축의 사고방식으로 보면 '사이'의 발견이고 건축의 확산이다.

또 칸은 이렇게 말한 바 있다. "처음으로 피사Pisa에 갔을 때 나는 광장 쪽으로 곧장 갔다. 광장이 가까워져 오고 멀리서 탑이 어렴풋이 보이자 그 광경에 감격한 나머지 가던 길을 멈추고 가게에 잠깐 들러 맞지도 않는 영국제 재킷을 샀다. 그대로 광장으로 들어가려 하지 않고, 광장으로 가는 또 다른 몇 갈래 길에 들어섰지만, 결국 그곳에 가지 못했다. 다음 날 곧장 탑으로 가 그것의 대리석을 만져보았다. 그리고 대성당과 세례당의 대리석도 만져보았다. 그다음 날에야 대담하게 건물 안으로 들어갔다."[97]

여행하며 경험한 단순한 이야기처럼 보인다. 그러나 천천히 잘 읽어보자. 피사의 대성당을 보고 다가갔다는 것은 누구나 다 알고 있는 이 건물이 세워진 본래의 목적이다. 그러나 사람은 본래의 목적으로만 그 건물을 대하지 않는다. 일상의 경험 속에서는 대성당에 들어가려 했는데도 도중에 다른 일을 하는 경우가 얼마든지 있다. 길을 멈추고 가게에 잠깐 들러 산 영국제 재킷은 이 대성당과 아무런 관계가 없다. 그러나 그것은 "대성당의 어렴풋이 보이는 광경에 감격하여 가던 길을 멈추었기" 때문에 생긴 우연한 경험이었다. 이 우연한 경험은 계속되었다. 그래서 대성당으로 곧장 갈 수 있는 광장으로 가지 않고 다른 길을 따라가려고 했다. 결국 그날 가고자 했던 대성당에는 가지 못했다. 대성당 가까운 곳에 있는 골목을 구경하며 옷을 산 것이 고작이었다. 다음 날 대성당의 탑과 세례당의 벽을 만져보았다고 한다. 그날 한 것은 이것이 다였다. 그리고 다시 그다음 날 건물 안으로 들어갔다.

칸이 말하고자 하는 바는 이렇다. 대성당 앞 멀리 떨어진 광장에서 어렴풋이 탑이 보인다. 이는 '들어가지는 않는 이들을 위해 광장과 함께 만든 공간'이다. 대성당에 가던 길을 멈추고 골목 안에 들어가 다른 경험을 하고 가까이에서 벽도 만진 것은 '가까이 있으면서도 그곳에 들어가지 않는 이들을 위한 공간'에 대한 이야기다. 대성당이 가까이 있지만 들어가지 않는 이들을 위해 골목과 대성당의 벽이 함께 만든 공간이다. 그리고 대담하게 건물 안으로 들어간 것은 '들어가는 이들을 위한 공간'을 말한다.

결코 추상적인 철학으로 건축을 생각하는 것이 아니다. 바로 지금 이 자리에서 물어야 하는 현실의 문제다. 의심스러우면 칸이 말한 것과 똑같은 바를 지금 설계하고 있는 어떤 주택에 적용해보라. '이 주택에 결코 들어가지는 않는 이들을 위한 공간'은 당연히 이 주택 옆을 지나다니는 사람을 위한 것이다. '이 주택에 가까이 있으면서도 그곳에 들어가지 않는 이들을 위한 공간'은 옆집들이다. 그리고 '이 주택에 들어가는 이들을 위한 공간'은 당연히 이 주택의 가족이거나 손님일 것이다. 이렇게 생각하면 이 주택을 둘러싼 사람들의 공동의 가치가 있고, 그것을 풀어봄으로써 이 주택의 공동적 가치를 설계하는 것이 된다.

칸은 이 글에서 대성당과 광장 사이에 '광장으로 가는 또 다른 몇 갈래 길'을 끼워 넣었다. 근대건축의 사고로는 대성당과 광장만 있으면 된다. 그러나 그 사이에 규칙에서 벗어난 '다른 몇 갈래 길'을 등장시키고, 이 세 가지를 '공통의 본질'이라는 점에서 동등하게 여김으로써 건축의 영역을 넓히고 있다. 대성당과 광장은 이미 정해진 방식으로 지어진 것이다. 그러나 그 사이에 끼어든

'다른 몇 갈래 길'은 대성당과 광장의 범위나 의미를 도시를 향해
더욱 넓혀주고 있다.

대성당에 관한 이 글에서는 중요한 한 가지가 더 있다. 먼저
광장으로 가는 것, 가다가 가게에 들러 맞지도 않는 재킷을 사는
것, 다른 길을 통해 광장으로 가는 것, 가지 못한 것, 들어가지는
않고 탑이나 대성당의 대리석만을 만지는 것, 다음 날로 미룬 것
등이 나열되어 있다. 그런데 문장을 잘 보면 어느 것도 다른 것보
다 못하거나 더 나은 것이 아니다. 모두 동등하다. 그리고 대성당
을 중심으로 한 공간이 전체의 커다란 질서 안에 있지 않고, 작은
부분과 부분의 합으로 이루어져 있음도 알 수 있다.

일본의 명석한 평론가 가라타니 고진柄谷行人은 '공동체'와 '사
회'를 엄밀하게 구별했다. 그가 표현하는 '공동체'란 규칙을 공유
하지 않는 외부를 무시하고, 규칙을 공유하는 내부를 유지하는
것이다. 그런데 '사회'는 다르다. 사회는 공동체와 공동체 '사이'에
서 시작한다고 말한다. 규칙을 공유하지 않는 '사이'에서 커뮤니
케이션이 이루어질 때 우리는 그것을 '사회적'이라 부른다. 규칙을
공유하는 자들 사이에서 형성되는 관계는 '공동체'적이지만, 규칙
을 공유하지 않는 타자의 관계가 '사회적인' 관계라는 것이다.[98] 그
렇다면 '아직 말하지 않은 것' '아직 만들어지지 않은 것'은 공동체
와 공동체 '사이'에 있다.

그의 표현을 빌려 칸의 글을 다시 써보자. 대성당과 광장은
이미 정해진 방식으로 지어진 '공동체'와 같고, 그 사이에 규칙에
서 벗어난 '다른 몇 갈래 길'은 대성당과 광장의 '사이'에서 교환을
이루는 '사회적'인 것이다. 마찬가지로 경당의 예에서 '가까이에 있
기는 해도 그 안에 들어가지 않을 사람들을 위한 공간' '그 안에
들어갈 사람들을 위한 공간'은 '공동체'이고, '가까이 있으면서도
그곳에 들어가지 않는 이들을 위한 공간'은 '사회'가 된다.

학교는 학교인데 배움이나 교육과는 거리가 먼 학교가 있다
면, 학교에 대해 모든 사람이 마땅히 가져야 할 바를 발견함으로
써 이제까지 자기들만의 규칙으로만 만들어진 학교에서 벗어날

수 있다. 구청사의 공동성과는 거리가 먼 구청사, 겉보기와 달리 노인을 위한 시설의 공동성과는 거리가 먼 복지시설, 함께 사는 공동성을 말하지 않는 집합 주택 등을 생각할 때, 공동성이 왜 필요하며 칸이 공동성의 건축을 어떻게 해석했는지 이해될 것이다. '공동성'은 공동체와 공동체 '사이'를 발견하기 위함이다.

공간화, 건축화, 사회화

사물은 공간이 되고 사회적인 것이 된다. 손으로 잡는 것을 전제로 하기 때문에 그릇의 크기는 손의 크기로 정해진다. 따뜻한 차의 온기를 느끼도록 손을 감싸야 한다. 자기에 뜨거운 차가 담기면 손으로 쥐기가 어려워서 잔은 토기로 만든다. 자기와 토기로 느끼는 열이 다르기 때문이다. 한국은 숟가락으로 국을 떠먹지만 일본은 그렇게 먹지 않으므로 음식과 입의 거리가 꽤 멀어서 그릇을 손에 쥐고 식사한다. 이것이 일본 특유의 식사 문화에서 만들어진 그릇이다. 작은 그릇 하나에 전통이 깃들어 있다.

일본에 메오토차완夫婦茶碗이라는 찻그릇이 있다. 한 쌍의 찻그릇을 부부가 나누어 함께 사용한다. 남편 것이 크고 아내 것이 조금 작다. 우리나라에서는 이렇게 미묘한 차이를 드러내며 차를 나누어 마시지 않는다. 이 그릇은 차를 따라 마신다는 기능이 같아서 모양도 똑같다고 생각하기 쉽지만, 그릇의 비례나 크기, 색조 디자인은 부부의 손이나 입술의 크기에 맞추어 미세하게 다르다. 더군다나 이 찻그릇으로 남녀는 부부가 되기로 맹세했다는 표시가 된다. 따라서 어떤 시간에 차를 마신다는 것은 그 자체가 친밀한 사회적인 관계를 드러낸다. 하나의 사물에는 기능을 넘어서 사용하는 방법, 형태, 사용하는 사람의 관계, 사회적 관습이 있으며 사람이 살아가는 무언가의 정경이 담기게 된다.

하이데거도 「짓기, 거주하기, 생각하기Bauen, Wohnen, Denken, 영어로 Building, Dwelling, Thinking」에서 차를 마시기 위해 준비해둔 주전자에 대해 말했다. 주전자는 사람들 사이에 놓여 사람들의 작은 사회적 모임을 분명히 표현해준다. 또는 주전자가 사람들의 사회가 이루어지도록 해주기도 한다. 중요한 점은 사물에는 사람과 주변의 환경을 '모이게 해주는gatherings' 힘이 있다. 이것은 현존재인 인간이 의미를 투사하여 생긴 것이 아니다. 물 위를 지나 양쪽 둑을 잇고 사람이 지나다니도록 만든 다리가, 사람들을 위해 풍경을 모으고 장소를 만들어 거주를 가능하게 한다고 말했다. 다리라는 하나의 사물이 사물에 머물지 않고 하나의 세계를 만들어냄을 뜻한다.

　　문의 손잡이도 사회적이다. "문의 손잡이는 그 건물과 악수하는 것이다." 핀란드 건축가 유하니 팔라스마의 말이다. "악수하는" 만큼 건물은 사람들이 만나고 사회적인 행위가 이루어지는 곳이라는 의미를 담는다.

　　테이블도 마찬가지다. 이렇게 앉아 이렇게 식사하며 이렇게 사용해야지 하며 테이블을 만들기 전 머릿속으로 공간을 생각한다. 그렇지 않으면 나무를 자르고 깎아 만들 방향이 생기지 않는다. 그리고 나서 물체를 그냥 감상하기 위해 놓아두지 않는다. 사람은 함께 있고 싶을 때 테이블을 사이에 두고 식사하고 대화하며, 문제가 생길 때는 테이블을 사이에 두고 협상하고 논쟁을 벌인다. 도서관에서는 긴 테이블을 같이 쓰며 책을 읽는다. 앉은 사람이 모두 동등하다고 여길 때는 둥근 테이블을 사용하며 지위가 가장 높은 사람은 가운데 앉히거나 테이블 머리에 앉게 한다. 네덜란드 건축가 헤르만 헤르츠베르허Herman Hertzberger는 테이블에서 일어나는 사람들의 관계를 '테이블의 사회학'이라는 말로 간단히 표현한 바 있다. "사물을 올려놓거나 둘러앉는 테이블은 기본적인 광장이며, 그것을 둘러싸고 앉은 사람들 사이에서 일어나는 모든 것을 위해 마련된 표면이다."[99] 사회는 테이블에서 시작한다.

　　대나무 페달 펌프Bamboo Treadle Pump는 건기에 가난한 농부가 땅 위에 흐르는 물을 퍼내기 위한 기구로, 네팔에서 디자인했다. 발판과 지지대를 대나무로 만들었다. 사는 곳에서 쉽게 얻을 수 있는 재료로 만든 것이다. 펌프도 가까운 대장간에서 만들었다. 그런데 이 펌프는 방글라데시 등에서 무려 170만 대가 팔렸다.

빅 보다Big Boda 자전거는 두 사람을 더 태우거나 수백 파운드의 물건을 실을 수 있게 하면서, 다른 인력거보다 싸게 만들었다. 이 기구들은 개발도상국의 농업과 일상생활에 없어서는 안 되는 오브제가 사회를 말해주고 있다. 이 예는 모두 『소외된 90%를 위한 디자인』에서 소개한 디자인이다.

흔히 디자인이라고 하면 아름다움, 기능, 비용이라는 세 가지 속성을 합쳐 만든다고 하지만, 가장 좋은 디자인이 가장 비싼 것이며, 가장 좋은 디자인을 한 사람은 특권적 지위와 대접을 받을뿐 아니라 사용자에게도 이에 상응하는 특권을 주는 것이 일반적이다. 그러나 이 예는 가장 좋은 디자인이란 무엇인가에 대한 일반적인 견해를 바꾼다. 그리고 사물이란 것이 소비와 문화에만 구속되지 않고 어떤 사회의 자연, 생산, 소비, 유통, 재료와 같은 조건에 구속되면서 그 사회를 지지하고 있음을 깨닫게 한다.

건축가 마키 후미히코는 『떠다니는 모더니즘』[100]에서 건축과 인간이 서로 관계를 맺는 방식을 건축의 공간화, 건축화, 사회화라는 세 단계로 나누어 설명했다. 여러 입장에 있는 사람들이 요구하는 바를 공간으로 만드는 것, 그 공간을 건축으로 만드는 것, 완성된 건물을 사회로 정착해가는 것을 말한다.

'공간화'는 설계를 의뢰받을 때 의뢰하는 이들의 희망을 공간으로 바꾸어 생각하는 것이다. 이때 특정한 개인이나 집단이 명확하게 의사를 표시하지 않더라도 그들에게 잠재해 있는 욕망을 정확하게 판단하고 공간으로 만드는 것을 말한다. 이는 건축설계의 창조적 행위 가운데 하나다. 이제까지 있던 시설과 근본적으로 다르게 구상하는 것이기도 하다. 이를테면 학교에서 배우는 것과 가르치는 것에 대한 공간적 배열 방식을 근본적으로 다시 생각하는 것을 말한다. 그러려면 역시 인간에 대한 흥미를 느껴야 하는데, 건축이 직접 인간과 관계하는 방식이기 때문이다. 공간화에서는 '인간이란 무엇인가?' '사람들은 무엇을 찾고 있는가?'라는 문제와 관련하여 작업이 이루어진다.

'건축화'는 공간화와 동시다발적으로 이루어지고 서로 간섭

하는 경우가 많다. 건축이 구조, 설비, 내외장, 공법 등과 함께 실제로 이루어지는 작업을 말한다. '공간화'는 인간의 관계에 관한 것이지만, '건축화'는 "인간의 집단을 구성하는 상위에 존재하는 사회적 욕망이라고도 불러야 할 힘으로 추진되는 경우가 많다."[101]

'사회화'는 사물로 주어진 환경 안에서 건물이 어떻게 지속하는가와 애초 의도된 목적을 잘 충족하는가에 관한 것이다. 이 경우 건축물은 사회 안에서 지속되고 풍화되거나 본래의 목적이 소멸되어도 집단이 기억하는 대상으로 가치를 어떻게 갖는지를 묻게 된다. 또는 어떤 건물을 여러 번 이용하면서 장소나 공간에서 얻은 체험이 사람에게 신체화하는 것도 해당한다. 건축가란 본래 건물이 완성된 이후에는 이런 사회화에 관여할 기회가 적어지지만, 건축물은 역사의 귀중한 증언자로서 사회의 재산이 된다.

이 세 가지는 건축물이 지어지는 과정이며 흔히 체험할 수 있는 단계다. 여기에서 말하는 '공간화'란 건축의 공동성을 생각하고 이를 공간으로 번역하는 것이며, '사회화'는 건축물이 완성된 다음에도 지속하여 사람들에게 관여하며 공동성이라는 사회 전체의 지속적인 가치를 묻는 것이다. 공동성은 '공간화'와 '사회화'에 모두 걸쳐 있는 관념이다.

이러한 설명으로 건축의 공동성을 설명하자면, '공간화공동성'를 가볍게 여기고 보편성이 없는 채로 그때그때의 해결책인 '건축화'에만 관심을 기울인다면 결국은 건축의 '사회화공동성'도 되지 않는다. 특히 건축이 사회 안에서 주도적인 역할을 하기 어려운 오늘날에는 개발자나 공공 건축이 건축의 '공간화'와 '사회화'에 대한 관심이 없어 이를 생략하고 건축가에게 '건축화'만을 추구하도록 강요하는 경우가 많다. 때문에 건축가와 사회는 건축의 세 가지 단계가 지니는 깊은 의미를 공유하지 않으면 안 된다.

4장

사람은 왜 시설을 만드는가

건축은 시설이라는 공간적 장치를 통해서
사회적인 제도를 연결해준다. 그리고
제도를 통해서 사회적인 관계가 공간적인
관계로 바뀐다. 건축가는 제도와 가치를
분절하고 공간으로 바꾸어 배열한다.

'建' '築'의 의미

〈대지의 기둥The Pillars of the Earth〉이라는 드라마가 있다. 중세 잉글랜드에서 왕과 귀족, 성직자들의 권력 다툼과 암투가 펼쳐진다. 수십 년이 걸리는 대성당 완공은 새로운 건축 기술과 정치적 힘을 갖출 때 성공할 수 있음을 알려준다. 이 드라마는 집을 짓는 것이 사회를 세우는 것임을 말하고 있다.

법을 뜻하는 그리스어 노모스nomos는 '배분하다' '소유하다' '배분된 것을 사다'를 의미하는 네메인nemein에서 나왔다. 결국 법은 집과 집의 경계에서 나온 말이다. 이는 벽과 법이 같은 뜻임을 의미한다. 한나 아렌트는 "공적 영역과 사적 영역"을 논하며 여기에 주목했다.[102] 건물의 벽과 법이 같은 말에서 나왔다는 것이다.

건축은 한자로 '建築'이라고 쓴다. 이때 '建'이라는 글자는 세운다는 뜻이다. 물론 이 말은 서양의 architecture를 번역한 말이긴 하지만 이 한자에는 과연 어떤 뜻이 있을까? 왜 '建'자는 '聿'과 '廴'이 합쳐진 것일까? '聿'은 '율'이라 읽고 붓을 뜻하며, '廴'은 '인'이라 읽고 길게 걷거나 당김을 뜻한다. 그렇다면 '建'은 '붓을 들고 길게 끌며 멀리 걸어감'이라는 뜻인데, 무언가를 세우는데 왜 붓이 필요하며 길게 끌며 멀리 걸어간다는 것일까?

'聿'은 나뭇가지를 손에 쥐고 글씨를 쓰는 모양 또는 점토에 글씨를 새겨 넣는 나뭇가지를 그린 것이다. 이런 나뭇가지에 짐승의 털을 끼우고 붓대를 대나무竹로 만든 것이 '筆'붓 필이다. 그러니까 '聿' 다음에 '筆'이 생겼다. 그런데 '법칙 율律' '세울 건建' 등이 모두 '붓 율聿'을 기본으로 한다. 법률의 '律'은 '行해야 하는 것을 긁어놓은 것'이라는 뜻이다. 건축의 '建'과 법률의 '律'이 '붓聿'을 기본으로 하고 있다. 가까운 사이라도 행해야 할 바를 붓으로 적어놓아야 하듯이, 사람들이 공동체를 이루며 살 때 '서로 약속 한 바'를 붓을 들어 적어 차례대로 정하는 것은 법률에서나 집을 지을 때나 마찬가지임을 뜻한다.

그런데 법률의 '律'은 '행할 것을 정함'이며, '建'은 붓을 들어

적어 '서로 약속한 바'가 미래에도 오래가도록 당기고 이끌며 사물을 차례대로 정하며 세우는 것을 나타낸다. '築'은 쌓다, 다진다라는 뜻인데, 나무木 위에 무언가의 도구工로 토담을 만들어凡 그 위에 대나무竹를 덮는 것이다. '서로 약속한 바'가 미래에도 오래가도록 당기고 이끌도록 사물을 차례대로 정하며 세우되, 물질로 다지고 쌓는 것을 표현한 글자다.

그렇다면 건축이란 서로 약속한 바를 미래를 향해 오래 나아가도록 '짓는 것'이다. 서로 약속한 바가 없다면 세울 수 없다. 건축의 建은 무언가 물체로 잴 수 없는 모두의 뜻, 합의, 미래에 대한 희망을 세우는 것 또는 일종의 제도制度이고, 건축의 築은 실제의 물질로 세우고 공간空間을 만드는 것이다. '建築'은 아주 좋은 말이고 잘 번역한 말이다.

그런데도 건축이라는 단어 대신에 지형과 더불어 비로소 완성되는 "가꾸어 지어내는 일"인 영조營造[103]라는 말을 써야 한다는 주장이 있다. 그러나 이것은 그럴싸하게 지어낸 잘못된 주장이다. 영조는 "토목[104]이나 건축 등 건조물이나 시설을 만드는 것이며 대개는 대규모의 공적인 조영"을 말한다. 따라서 영조는 건설에 가장 가까운 말이다.

영조와 수선修繕을 합친 영선營繕이라는 용어가 있다. 그런데 영조 대신 '건설'이라는 새로운 용어가 도입되자 영조라는 말은 사라지고 수선만 남게 되었다. 그래서 영선이라는 말도 격하되고 수선은 수리修理를 뜻하게 되었다. 그만큼 영조는 건설과 같은 말이었다. 따라서 영조는 '가꾸어 지어내는 일'이며 건축이라는 말을 낮추어 생각해서는 안 된다.

종묘라는 건물을 통해 '건축'을 생각해보자. 종묘는 유교를 지배 이념으로 삼았던 조선 시대 역대 왕과 왕비 그리고 추존된 왕과 왕비의 신위를 봉안하고 국가적인 제사를 지내는 곳이다. 국왕의 조상신은 중요한 숭배 대상이었다. 종묘라는 건물 이전에 제도가 먼저 있었다. 이것이 '聿'이다.

종묘는 조선왕조의 영원한 존속을 기리고 백성에게 복을 내려달라고 조상에게 비는 장소이며, 연년세세 끊이지 않을 왕위의 영속을 기원하는 곳이며 이를 위한 제례가 펼쳐지기 위해 만든 공간이었다. 이것이 '宗'이었다. 이 두 가지가 성립하여 세우는 것이 '建'이다. 그런데 이것만으로는 안 된다. 돌이 쌓이고 기둥이 세워지면 긴 건물로 영원한 국가의 번영을 기원한다. 이것이 '築'이다.

이렇게 영원한 지속을 상징할 수 있었다. 실제로도 왕조가 오늘날까지 계속되었다면 돌아가신 임금의 위패는 계속 모셔져祎, 긴 건물은 더욱 길게 뻗어 나가 시간이 누적되어 갔을 것이다乚. 종묘는 우리의 영원한 시간의 건축이 되었다.

그리스어 '아르키텍토니케 테크네'가 '建築'이라는 한자로 번역된 것은 메이지 시대 일본에서였다. 당시 재료, 기술, 양식, 관념이 크게 다른 서양 건축이 들어오면서 'architecture' 개념도 이입되었다. 이때 이를 '建築學건축학'으로 옮겼고 '造家조가' '造家術조가술'이라고도 번역했다. '造家'란 우리말로 '집 만드는 것', 영어로는 'making house'다. 그래서 도쿄제국대학東京帝国大学, 현 도쿄대학 공학부의 전신인 공부대학교工部大學校에 '조가학과'가 설치된 것이다.

이 두 번역어만 있었던 것이 아니다. 당시에는 '造築조축' '築造축조' '營造영조' '造營조영'이라는 말도 함께 있었다.[105] 지금도 건축과 함께 쓰이는 말들이 당시에도 번역어로 있었다. 그러다가 다른 말은 도태되고 '建築건축'과 '造家조가'라는 번역어로 좁혀졌다. 이처럼 'architecture'란 재료, 기술, 양식, 건축관 등을 통괄하는 것으로 일본에는 없었던 추상 개념이었으므로 당시 일본인들은 그 본질을 좀처럼 이해하지 못하고 몇 개의 말을 사용하다가 마지막에는 '建築'만 남았다.

우리나라에서는 건축가 이토 주타伊藤忠太가 건축이라는 조어를 만들었다고 알려져 있는데, 이것은 잘못이다. 다만 이토 주타가 1894년 조가라는 번역어에 문제를 제기하고 이를 '건축'으로 바꾸어야 한다는 주장을 했다. 이 주장이 받아들여져 1897년 조가학회가 건축학회로, 도쿄대학은 1898년 건축학과로 개칭했다. 家는 영어 house로 사적인 공간에 지나지 않았으나, 이는 개념으로서의 건축과 분명히 구별되었다.

　번역어 '建築'을 지금 와서 한자 하나하나를 뜯어보고 해석해보아야 아무런 도움이 되지 못한다. 건축이론가 김영철은 이토 주타가 '아르케'를 최고나 최상으로 이해했지 이것을 시작이나 근원으로 받아들이지는 않았다고 말한다. 또한 조가의 개념을 『영조법식營造法式』의 영조와 비교해보면 건축은 "그리스적 텍토닉의 의미에 염두에 둔 것"이라고 지적한다. "아르키텍토니케의 번역이 아니라 텍토닉의 번역이며, 진정한 의미에서 바우쿤스트Baukunst의 번역이 아닌 바우엔bauen의 번역이다. 그럼에도 이토 주타가 내세웠던 주장은 건축 개념이 예술의 내용을 반영하는 차원에서 선택되었다."[106]라고 해석했다.

　건축의 한자만 보고 '세우고 쌓는 것'이라고 낮추어볼 수도 있다. 그러나 '세우고 쌓는 것'은 결코 낮은 일이 아니다. 인간의 실존적 행동이기 때문이다. 미스 반 데어 로에는 이렇게도 말했다. "지금 우리에게 중요한 것은 오직 '짓는 것Bauen, building'이다. 나는 '아키텍처'보다는 '바우엔Bauen, building'이라는 개념을 더 좋아한다. 바우엔의 성과 중에서 최상의 것이 예술의 경지인 '바우쿤스트Baukunst, building art'에 속한다."[107] 만일 미스가 당시 '建築'이라는 번역어를 알았더라면 참 잘 지었다고 칭찬했을 것이다.

시설과 제도

모여 살기 위한 것

사람들은 많은 시간을 바깥세상과 관계하며 지낸다. 내가 앉아 있는 이 식당의 테이블은 창밖 거리 풍경과 함께 있는 테이블이다. 테이블에 앉아 식당 안에 있는 방들, 벽에 걸린 그림, 창밖으로 내다보이는 풍경, 부엌의 음식 냄새를 이 안에 있는 사람들과 함께 경험하는 나를 발견한다. 건축은 함께 경험하는 것이다.

　식당의 경험과 비슷한 것을 우리 집에 만들어낼 수 있다. 집에 있는 방들, 벽에 걸린 그림, 창밖으로 내다보이는 풍경, 부엌의 음식 냄새, 침대의 따뜻함을 만들 수 있고, 또 가족과 함께 경험하는 나를 발견할 수 있다. 그러나 어떤 때는 이미 만들어진 환경이 우리를 만든다. 우리 동네의 길, 아이들이 배우고 있는 학교 교실의 벽, 어린이와 같은 마음으로 예배드리는 교회와 같이 내가 만든 것이 아닌데도 다른 사람과 함께 경험하는 환경이 있다. 이런 환경은 우리를 만든다.

"우리는 이제까지 집을 갖는 것이 필요한 인간 '일반'에 대해 추상적으로 논했으나, 이 경우 한 사람의 인간을 생각해서는 안 된다. 집을 세우는 데 한 사람의 인간으로 충분하지 않은 것처럼, 집에 사는 데에는 한 사람의 인간으로는 충분하지 못하다. 사람은 몇몇 사람들과 함께 사는 법이다. 곧 가족 안에서 '자기에게 속하는 사람들'과 함께, 그러나 '다른 사람들'이나 '알지 못하는 사람들'과 떨어져서 산다."[108] 독일의 철학자이자 교육학자인 오토 프리드리히 볼노Otto Friedrich Bollnow는 집이란 결국 여러 사람이 살기 위해 마련된 것이라는 지극히 자명한 사실을 이처럼 말했다.

건축이 예술이 되기 전에 사람이 모여 살면서 집을 짓고 그것을 시설로 바꾸었다. 따로 떨어져 살면 이럴 필요가 없다. 함께 자고 함께 기도하며 함께 공부하는 집이 생긴다. 함께 사는 사람들이 공동체를 유지하려면 목적에 맞는 여러 건물이 모여 있게 된다. 인간이 집을 짓는 이유는 아름다워 보이는 물체를 만드는 데 있지 않고, 내가 다른 사람과 함께하려는 데 있다. 이렇듯 모든 건물은 다른 사람들과 함께하기 위해 '합의'로 성립한 것들이다.

고대 그리스 사람들은 이집트 사람들과 달리 신전 이외에도 아고라agora, 스토아stoa, 체육관, 스타디온stadion, 극장 등 몇 개 안 되는 시설로 도시를 만들었다. 그들이 도시를 이루기 위해 만든 여러 시설의 본질은 한마디로 그 안에 사람들을 '모이게 하기' 위함이었다. 그들은 정치와 철학을 말하기 위해 건축물과 광장에 모인 것이 아니라, 오히려 정치와 철학을 말하기 위한 건축물과 광장을 만들었다. 신전도 사실은 인간의 집합을 위해 마련된 것이다.

고대 그리스 건축 가운데 사람을 모으기 위해 만든 전형적인 유형은 극장이다. 연극과 합창이라는 행위 이전에, 극장이라는 건축물이 있던 것은 아니다. 연기자가 평평한 땅 한가운데서 춤을 추며 악기를 연주하면 그 주위로 관객이 동심원을 그리며 에워쌌다. 사람이 더 많아져 뒤에서 엿보거나 고개를 빼고 보는 사람들이 생기면, 서로 모여 보기 위해 앞사람은 앉고 뒷사람은 몇 겹 둘러쌌다. 이렇게 되면 연기자의 흥이 더해 가고 평평한 땅에 사람들의 에워쌈으로 '공간'이 만들어진다. 둘러싼 사람들의 행위는 건축적 부재가 전혀 동원되지 않았는데도 훌륭한 '극장'이 된다. 이렇듯 건축 공간이란 물체로 이루어진 공간을 넘어 사람으로 현상하는 공간을 말한다. 형태가 자연의 경사면에 대응하면서, 평평한 땅은 무대가 되고 사면에 앉은 청중이 반원형을 이룬 것이 고대 그리스의 원형극장이며, 극장의 출발이었다.

이는 건축이 공동적이며, 함께 모인 사람들의 공통 감각 없이는 본질적으로 '건축'이 일어날 수 없음을 증명한다. 보는 것만이 목적이라면 영상이 발달된 오늘, 굳이 극장에 찾아갈 필요가 없으며, 음악을 듣는 것만이 목적이라면 집에서 느긋하게 오디오를 들으면 그뿐이다. 그런데도 왜 사람들은 극장을 찾으며 음악당에 갈까? 극장과 음악당이라는 건물 안에서 공통 감각을 가지고 다른 이들과 '함께 모여' 보고 듣기 위함이다.

'건축이란 무엇인가'라는 질문을 다시 해보자. 건축이란 무엇인가? 오래전 독일 건축가 브루노 타우트Bruno Taut는 '건축은 균형의 예술'이라고 했다. 그러면 '건축은 무엇을 하기 위한 것인가?'라고 질문을 바꾸어보자. 그러면 타우트처럼 답하기 어려워진다. 다른 공작물이나 예술 작품은 사람을 모으기 위해 만들어지지 않는다. 그러나 건축은 사람들을 모으기 위해 만들어진다. 이것은 건축에 대한 어떤 정의보다 근본적이다. 주택도 가족과 더불어 살기 위한 것이며 집합 주택은 더욱 그렇다. 모여서 일하고, 모여서 연극과 미술 작품을 보며, 모여서 기도하고, 모여서 정사를 토론하고, 모여서 사는 우리가 무언가를 기념하기 위해 만든다. 이것을 우리는 주택, 아파트, 극장, 미술관, 교회, 공회당, 기념비라고 부른다. 이런 것을 모두 '시설'이라고 한다.

존 듀이는 건축의 '시설'이 인간적인 용도를 확장하며, 시설의 폐허까지도 인간이 바라는 목적을 물질로 매개하는 것임을 명확하게 말하고 있다. "인간적인 용도를 완전히 없애는 것은 용도use를 좁은 의미의 결과ends로 제한시키는 것이다. 그리고 그것은 순수예술이란 언제나 인간과 그들을 둘러싼 환경과의 상호작용을 경험하면서 만들어지는 산물이라는 사실을 무시한 데서 비롯된 것이다. 건축은 이렇게 상호작용한 결과가 서로 얽혀 있는 가장 뛰어난 예이다. 물질은 변형하여 인간의 방어, 거주, 예배라는 목적을 매개하게 된다. …… 건축 작품은 미래에 영향을 미칠 뿐 아니라 과거를 기록하고 전달한다. 사원, 대학, 궁전, 가정 그리고 폐허는 인간이 무엇을 바라고 무엇을 위해 투쟁하였으며, 무엇을 성취하였고 무엇에 고통을 받았는지를 말해준다."[109]

제도와 빌딩 타입

시설이라는 말은 다소 모호하게 사용된다. 시설을 나타내는 영어 단어로 'facility'가 있다. 이것은 특정한 목적에 대한 합리적인 쓰임새를 나타낸다. "시민이 가볍게 운동할 수 있는 시설이 필요하다."라고 할 때는 대체로 그러한 건물과 인원을 갖춘 서비스라는 뜻이 된다. "시설에 보낸다."라고 할 때는 부정적인 느낌을 준다.

'시설'이라는 말이 자주 쓰이는 때가 있다. 쓰레기소각장, 하수처리장, 정신병원 등을 이른바 혐오 시설이라는 이유로 유치를 반대할 경우다. '내 뒷마당에는 안 된다not in my backyard'라는 뜻으로 님비NIMBY 현상이라고 한다. 이와 반대되는 뜻으로 공익 시설 유치에 따른 인센티브를 얻기 위해 세계적인 관광지와 휴양지, 대학 도시도 시설의 유치를 주장할 때도 있다. 이때는 핌피PIMFY라고 한다. '제발 내 앞마당에please in my front yard'라는 말의 앞글자를 딴 단어다. 이렇게 지역이기주의도 '시설'로 논의된다. 공원 안의 처리장은 혐오 시설이지만, 홀이나 미술관 등의 공공 건물은 대접을 받는다. 미술관으로 유명해진 건축가는 많아도 혐오 시설을 작품으로 말하는 건축가는 찾아보기 힘들다.

우리가 사는 세상은 자연스럽게 이루어지지 않았다. 사회와 도시는 '제도制度'로 정해져 있다. 사람들은 사적인 곳에서 사물을 자유로이 소유하기를 바란다. 그러나 근대사회에서는 '제도'라는 이름으로 사적인 것을 공적으로 제어하고자 한다. '제도'란 관념이나 사고 및 행동의 네트워크지만, 물적인 재료를 기초로 한다. 예를 들어 자본주의라는 제도는 상품, 화폐, 자본이라는 물적인 재료가 필요하다. 중요한 것은 '제도'가 언제나 '장치'라는 공간적 장場과 직접 연결되어 있다는 점이다. 따라서 건축이라는 형식은 결코 아름다움을 추구하는 형식으로만 있지 못한다. 건축이라는 형식은 제도로써 실체가 된다. 제도는 사람의 여러 활동을 제어하는 시스템이며 힘의 시스템이다. 그래서 사람은 제도 안에 놓이고 제도로 규정된 세계 안에 있게 마련이다. 건축물을 실제로 만들고 사회에 접목하고자 할 때, 건축 실천이 필요하다. 그런데 건축이 실천하는 모든 것은 '공간적인' 성격을 띤다. 그러면서 건축은 사회적인 현실을 만들어간다.

시설을 뜻하는 영어 'institution'에는 제도라는 뜻도 있다. 이것은 건물의 종류만을 말하는 것도 아니고, 건물을 운영하는 인간의 조직만의 이야기도 아니다. 영어에서 시설은 이 두 가지 모두를 의미한다. 따라서 시설은 제도와 관련되고 제도는 시설이 없이 성립하지 않는다. 사회는 사회가 가야 할 방향을 정하기 위해서 여러 사람이 공동으로 만든 제도로도 이루어져 있다. 이렇게 보면 사회 속에 존재하는 모든 것은 제도이며, 사회는 제도의 복합체이다. 흔히 '제도'라 하면 국가, 의회, 학교 등의 커다란 제도만을 생각하지만, 사회관계를 유지하기 위해 만들어진 것은 규모가 작더라도 모두 '제도'이다.

제도는 학교, 병원, 공장, 사무소와 같은 시설로 번역되며 시설은 빌딩 타입building type, 즉 건물 유형으로 나타난다. 다만 시설과 빌딩 타입은 다르다. 시설이 인간의 행위를 의미한다면, 빌딩 타입은 도서관, 미술관, 체육관, 백화점처럼 인간의 행위에 단순 대응하는 좁은 의미의 '용도'로 공간을 배열한 것이다. 용도와 기능의 체계가 무의식적으로 반복되는 건물의 패턴과 유형이 빌딩 타입으로 나타난다. 빌딩 타입은 사회의 기반을 형성하는 공간적인 유형이면서 구성이라는 공통적인 특징을 가지고 있다.

그런데 미셸 푸코에 따르면, 제도란 어떤 관념으로 움직이는 개개인이 집단을 만들어 투쟁하고 저항하기 위한 장치이며, 권력은 이러한 제도나 장치로 유지된다고 한다. "제일 먼저 병원, 그다음에 학교, 또 그다음에 공장은 단지 규율·훈련에 따라 질서가 잡힌 것만은 아니었다. 곧 규율·훈련 덕분에 이러한 제도는 객관화=객체화의 모든 메커니즘이 복종의 도구로써 가치를 가질 수 있었다. 그리고 계속 늘어가는 모든 권력이 가능한 한 많은 지식을 낳게 하는 장치로 변하게 되었다."[110] 곧 학교, 감옥, 공장, 병원이라는 국가 장치는 제각기 별도의 기능을 수행하면서, 권력에 복종하는 주체를 생산하는 제도라는 것이다. 이어서 그는 제도와 공간이 실제로 어긋나 있어서, 실제의 건물은 우리가 살고 있는 사회 현실과 일치하지 않는다고 논증한다.

학교라는 제도는 '학교'라는 시설을 통하여, 감옥이라는 제도는 '감옥'이라는 시설을 통하여야 가능하다는 것이다. 이는 푸코가 말하는 감옥이나 병원만이 아니라 주택, 도서관, 교회, 백화점 등 모든 건물 유형은 건축 내적인 '기능'과 '용도'를 넘어, 사회의 제도와 관련된 '시설'의 의미를 함께 지님을 의미한다. 사회적 관계는 제도로 유지되고 강화되며 이는 다시 건축적이며 공간적인 관계로 구체화된다. 바꾸어 말하면, 공간이란 단지 물질적으로만 규정되지 않으며, 인간적인 가치로 분절되는 것이다.

근대 이후의 학교는 엄밀히 말해서 국가 기구에 대응하는 시설이다. 20세기 프랑스 철학자이자 사회학자였던 루이 알튀세르Louis Althusser는 교육을 이데올로기적 국가 기구라고 지적한 적이 있다. 학교는 이러한 국가 기관의 다른 모습이다. 알튀세르는 국가권력을 위한 시스템을 말하면서 국가 기구와 국가 이데올로기 기구를 구분한다. 국가 기구는 정부, 행정, 경찰, 법정, 감옥, 군대 등을 말한다. 이 기구는 단 한 개이고 통일적인 것이 특징이다. 국가 이데올로기 기구는 종교, 교육, 가족, 법, 정치, 조합, 커뮤니케이션, 문화 등 사적 영역에 관한 것이다. 국가 기구와 달리 다양하고 자율적으로 존재한다. 종교는 교회나 사찰, 교육은 학교, 가족은 주택, 정당, 조합, 문화, 미디어 등을 포함한다. 우리의 일상생활에서 친숙한 여러 시설이 국가 이데올로기 기구라는 말이다.

건축이 제도를 실체가 있는 장치로 만들기 때문에, 건축을 구상하는 건축가는 그 제도에 직접 관련되지 않을 수 없다. 그런데 현대사회에서는 통제와 억압의 시스템을 의식적으로 구축하려 하지 않고 대신 반복한다. 따라서 빌딩 타입은 고정된 제도에 따라 고정적으로 반복된다. 이것이 문제다. 건축가는 이 고정된 제도와 빌딩 타입이 되풀이하여 유지하려는 바를 늘 새롭게 해석하고 새로운 공간 도식을 제안해야 한다.

제도의 물화

한나 아렌트의 '물화物化, materialization'라는 개념을 짚고 넘어가야 한다. 물화란 활동이나 언론 또는 사고라는 구체적인 형상을 갖지 않는 무언가가 현실적으로 표현되는 것을 말한다. 건축가가 되려는 사람은 이 대목을 모두 정확하게 이해하여야 한다. 손을 대고 알 수 없는 것을 손을 대고 만질 수 있는 '물物'로 바꾸는 것, 그것이 '물화物化'다.

흔히 사회가 요청하는 바가 먼저 있고 그것에 따라 건축이 있다고 보지만 그렇게 생각해서는 안 된다. 물화라는 개념이 건축에서 중요한 이유다. 이는 사회가 요청하는 것만으로는 부족하고 그것이 건축으로 실현될 때 비로소 요청이 제대로 이루어짐을 말한다. 제도와 시설의 관계가 이렇다. 손을 대고 알 수 없는 제도를 손을 대고 만질 수 있는 시설이라는 '물'로 바꾸는 것이 '물화'다. 따라서 제도를 물질화하는 것은 건축이다. 제도가 시설로 '물화' 되지 않으면 지속할 수 없다. 이것이 집을 세우는建 이유다. "공간은 그 본질에서 사회적이고, 사회는 공간적이다."[111]

그러면 어떻게 제도가 시설로 '물화'하는가? 이 질문에 가장 적절한 예는 독일 국회의사당Reichstagsgebäude이다. 영국 건축가 노먼 포스터Norman Foster는 제2차 세계대전으로 크게 파괴되고 훼손된 국회의사당의 가장 위에 있는 돔을 유리로 만들었다. 옛 의회의 돔을 그대로 모방하면서도 독일 의회의 투명성을 그대로 나타내기 위함이었다.

이 유리 돔 안에 더블 스파이럴을 만들어서 사람들이 도시를 조망하면서 서서히 위로 올라가게 했다. 그들은 걸으면서 베를린 시가지 전체를 눈과 몸으로 체험한다. 유리 돔은 독일에 남아 있는 수많은 뼈아픈 기억을 불러일으키게 하면서, 국회가 열리는 회의장 주변을 돌며 올라가고 있는 자신이 이 국가의 주인이며, 도시와 국가의 한가운데 있는 존재임을 알게 된다. 유리 돔은 이런 것을 말하고 있다. 이 건물에 유리 돔이 없다면, 그리고 이 건물이 없다면, 또 이 건물이 베를린에 있는 것이 아니라면, 체험도 조망도 기억도 나타나지 않는다. 이렇게 의회 제도는 국회의사당이라는 시설로 '물화'한다.

여기에서 제도를 시스템 또는 설계나 계획에 주어진 조건이라고 바꾸어 생각해보자. 일반적으로는 주어진 조건이 설계 앞에 있다. 건축가는 건축주에게 건축이 어떻게 사용될 것인가를 듣고 이것을 구체적인 건축물로 번역한다. 그러면 건축가는 받아 적어 이를 해석하고 번역하는 사람이다. 주어진 조건, 시스템, 제도가 항상 먼저 있다고 생각한다. 사상이 건축에 늘 앞서 있고, 건축은 그에 종속해 있다고 보는 것이 통상적인 상식이다.

그러나 건축가는 시설을 통해 제도를 반대로 생각할 필요가 있다. 독일 국회의사당의 유리 돔 설계는 독일 국회에서 주어진 조건이 아니라 반대로 건축가가 유리 돔을 통하여 의회민주주의를 새롭게 해석한 것이다. 그렇기 때문에 사람들은 유리 돔의 경험을 통하여 의회민주주의를 체험한 것이다.

프라이버시도 그렇다. 프라이버시란 사전에 주어지는 것이 아니다. 프라이버시가 먼저 주어지고 그것을 공간으로 번역하는 것이 아니다. 공간으로 배열함으로써 프라이버시는 나타나고 사라지기도 하면서 해석된다. 따라서 이러한 예를 통해 사상이 늘 건축에 앞서 있고 그것에 종속해 있는 것이 건축이라고 보는 것과는 반대로, 건축을 통해 제도와 사상을 일깨울 수 있다.

이처럼 건축은 시설이라는 공간적 장치를 통해서 사회적인 제도를 연결해준다. 그리고 제도를 통해서 사회적인 관계가 공간적인 관계로 바뀐다. 건축가는 제도와 가치를 분절하고 공간을 바꾸어 배열한다. 이처럼 사회제도의 분절과 공간의 분절은 아주 밀접한 관계가 있다. 그러나 건축이 실천되어 만들어지는 공간과 현실의 제도는 어긋나 있는 경우가 많다. 학교 교실 사이의 벽이나 대지 주변의 담장을 허무는 것은 그저 벽을 없애고 담장을 허무는 것이 아니라 새로운 규범을 제시하는 것이다.

제도의 '물화'라는 말은 어렵게 들릴지 모른다. 그러나 일상의 도시 풍경도 건축처럼 물화되어 있다. 대지 주변에서 도로 사선, 고도 제한, 일조 사선 등의 법적인 제한, 건축물 주변에 두는 공지, 건폐율, 용적률 모두 제도의 '물화'다. 그 결과 제각기 폭이 다른 도로, 보도, 주차장, 공지, 담으로 둘러싸인 1층 바로 옆에 있는 7층짜리 건물 등 잡다한 공간, 복잡한 틈새가 그대로 노출되어 있다. 이 모두가 제도가 만든 풍경이다.

공동체, 방, 회랑, 평면

건축은 인간의 공동체를 어떻게 만드는가? 베네딕토회 수도원의 이상을 담은 장크트갈렌Sankt Gallen 수도원의 평면도*를 보자. 1,000명 넘는 사람이 사는 건물의 복합체로 당시에는 작은 도시 규모였다. 함께 살고 일하고 기도하는 공동생활의 장이었다. 여기에서 여러 건축물을 작은 도시의 시설처럼 생각하고 공동체를 이루며 산 것을 상상해보자. 건축이 어떻게 이를 가능하게 해주었는지 방과 회랑 그리고 평면의 의미를 비교적 상세하게 살펴보자.

이 평면도는 수도원의 도서실에 1,200년 동안 보존되어 오늘날까지 남아 있다. 수도원은 612년에 설립되어 한때 황폐해졌다가 816년에 재건되었다. 도면은 원본을 베낀 계획도다. 한가운데에는 정사각형 중정을 감싸는 회랑이 있고, 왼쪽은 성당, 위에는 대침실, 오른쪽에는 식당이 배치되어 있다. 왼쪽 아래에는 문이, 그 오른쪽에는 축사들이 있다. 성당 왼쪽에는 원장의 거처가 있다. 식당 오른쪽에는 각종 작업장이, 상부 왼쪽에는 병원이 있고 오른쪽에는 묘지를 겸한 과수원과 채소밭이 있다.

수도원에는 수사 110명, 지원자 160명이 산다. 수도자와 일반 신자는 구분되고, 노동과 기도, 병원과 학교라는 서로 다른 시설은 독립하면서도 서로 연관을 맺도록 했다. 성당 서쪽 끝에는 일반 신자 입구가 있고 그 오른쪽에는 순례자용 숙사를, 왼쪽에는 손님용 숙사를 두었다. 그야말로 건축물의 복합적인 집합체가 그려져 있다.

이 도면은 건물 배치를 통해 수도원 공동체의 이상을 보여준다. 수도원의 기본은 성 베네딕토가 정한 수도 생활 규칙에 따르며 이는 오늘날까지 수도 생활의 바탕을 이룬다. 이 도면은 그러한 수도원이 이미 9세기에 복잡하면서도 거대한 공동체를 이루고 있었음을 증명한다. 수도원 건축은 클뤼니회, 시토회, 카르투지오회, 프란치스코회, 도미니코회 등 각 수도회로 이어졌다. 이들은 모두 베네딕토회 이후 기본 형식을 답습하면서도 변용이 일어났다. 건축에 대한 태도를 철저하게 지킨 시토회의 통일된 양식이나 합리성, 수사 한 사람 한 사람이 작은 방에 들어가 있으면서 동시에 중정이 회랑을 둘러싸는 카르투지오회가 그러하다.

『서유럽의 수도원 건축Monasteries of Western Europe』을 저술한 볼프강 브라운펠스Wolfgang Braunfels가 또 다른 책『토스카나의 중세 도시 건축Mittelalterliche Stadtbaukunst in der Toskana』에서 말했듯, 중세의 도시와 수도원은 조직화된 공동생활로 시대의 위기를 극복하려 했다는 점에서 비슷하다. 수도원은 하늘나라로, 도시는 천상의 예루살렘으로 비교되었다. 수도원 건축은 수도자들이 수도를 위해 지은 집이 아니라, '공동생활'을 통한 건축의 중요성을 말해준다.

우리는 수도원 건축을 여러 곳에서 자주 보았기 때문에 그 가치를 그다지 깊이 느끼지 못하고 특수한 건축 분야라고 생각하기 쉽다. 브라운펠스는 동방교회의 수도 생활은 개인적인 색채가 강해서 수도원의 건축 형식이 그다지 발전하지 못하였으나, 서방교회에서는 라틴적인 질서 감각으로 회랑 중심의 배치 형식이 발전했다고 한다. 공동생활도 529년 성 베네딕토에 의한 베네딕토회 규칙이 서방교회 수도원의 원류가 되었고, 이 규칙이 수도자로 하여금 공동생활과 그것을 담은 공동체 건축을 만드는 근간이 되었다. 건축은 이렇게 인간의 공동생활을 담는다.

수도원의 중심은 회랑이며, 회랑은 수도원 중에서 가장 수도원다운 장소다. 주교좌 성당에 수도원 생활이 도입되었을 때도 반드시 회랑이 놓일 정도로, 회랑은 수도원을 상징하는 건축 요소였다. 영어로 클로이스터cloister 또는 프랑스어로 클로아트르cloître는 보통 지붕이 덮인 회랑으로 둘러싸인 수도원 내 사각형의 열린 공간을 말하며 동시에 수도원 생활을 뜻하기도 한다. 클로이스터라는 말은 클라우스투룸claustrum에서 나온 것인데 네 면이 갤러리로 둘러싸인 장소라는 뜻이다.

따라서 건축적으로는 회랑이 없는 수도원은 있을 수 없다. 회랑은 수도원에서 일상생활의 장이며, 거실과 같고, 사본 작업을 하는 작업장이며, 담화하는 곳이기도 하다. 수도자들은 중정의 샘에서 손과 얼굴과 발을 씻으며, 걸으면서 묵상도 하고 성서를 읽는다. 회랑은 통로이면서 독서의 장이다. 그러나 수도원을 방문하는 사람들은 회랑 안쪽으로는 출입이 금지되어 있다.[112]

회랑을 중심으로 성당과 수도자실, 식당 등이 둘러싸는 수도원의 건축 형식은 생활 공간이면서 종교 공간이고 거룩한 장소이면서 인간의 일상이 만나는 장소다. 특히 중정을 둘러싸는 회랑은 수사들이 미사를 위해 행렬을 할 때 뺄 수 없는 곳이면서, 다른 한편으로는 현실적인 쓰임새를 담고 있다. 또 이 회랑은 개인과 공동의 관계를 맺는 곳이다. 외부에서 오는 손님, 지원자, 수도자가 각각의 영역을 한정하는 의식이 담겨 있다. 그 때문에 수도원의 평면에는 보이지 않는 경계가 있다. 수도원 건축은 이렇게 공동 생활의 장을 이룬다.

이 시기에는 부자든 가난한 사람이든 사적인 공간을 보장받지 못했다. 농부는 작은 집이나 방이 하나밖에 없는 비좁은 오두막집에서 가족과 함께 살았다. 조금 부유하면 방 두 개가 다였다. 커다란 성이라 할지라도 방이 많지 않았다. 또 그곳에는 사적인 방이 없었다. 다양한 방이 많이 있는 곳은 궁전뿐이었다. 그런데 이 수도원에는 당시에 좀처럼 볼 수 없는 많은 건물과 방이 모여 있었다. 왜 그랬을까? 수도원에는 다양한 종류의 사람들이 살았고, 수도원이 해야 하는 직무가 다양했기 때문이라고 한다.[113]

수도원 안에는 하느님의 방, 성인의 방, 수도자의 방, 그곳을 방문한 평신도의 방, 수도자 지원자의 방 등 각자의 방이 필요했다. 수도원의 여러 방은 서로 관련이 있으나, 그렇다고 서로 겹치거나 모두 이어질 필요는 없었다. 오히려 독립적인 방으로 있어야 하는 경우가 많았다.

공동생활의 이상이 수도원이라는 건축물의 여러 요소에 투영되어 있음이 한 장의 도면에 잘 드러난다. 또한 건축물 요소가 어떻게 배치되어 있는지도 잘 볼 수 있다. 게다가 이 도면에는 요소들이 비례관계에 따라 표현되어 있다. 건축의 '평면'은 공동체를 시설로 표현한다. 평면은 건축가라면 누구나 그린다. 루이스 칸은 "평면은 방들의 사회다."라고 말했다. 평면이라는 도면을 그리는 것은 방들의 사회를 그리는 것이다.

팬옵티콘의 시설

팬옵티콘panopticon이라는 일망감시장치一望監視裝置는 1791년 영국의 철학자 제러미 벤담Jeremy Bentham이 발명한 장치다. 근대에 발명된 가장 대표적인 이 공간 장치는 원의 중심에 있는 사람은 보이지 않은 채로 바퀴의 살처럼 뻗어 있는 감옥에 갇힌 죄수를 한눈에 감시할 수 있다. 이 감옥은 최소의 노력으로 최대의 효과를 올리는 장치다. 이러한 시각적 기계는 범죄자의 자유를 뺏는 근대의

'자유형自由刑'이라는 제도를 통해 감옥에 나타났으며 공장, 보호시설, 병원 등의 시설에 사용되었다. 그런 까닭에 올더스 헉슬리 Aldous Huxley는 "현대에서 모든 효율적인 오피스, 근대 공장은 일망 감시기구에 의한 감옥이다."라고 말했다.

미셸 푸코는 『감시와 처벌Surveiller et Punir』에서 같은 공간 도식이 왜 감옥이나 병원, 학교나 동물원에 반복되어 나타나는지 주목했다. 이 책의 부제는 '감옥의 탄생'이다. 그러나 이 책은 '감시'에 관한 이야기가 아니라 학교, 병원, 병영, 공장 등 사람을 관리하는 사회 시스템을 통해 사회 전체에 걸친 감시의 눈과 처벌을 다룬다.

이 책 첫머리에는 한 사람 한 사람 계단 모양으로 놓인 상자에 들어가 얼굴만 내민 채 교단에 서 있는 선생을 향하고 있는 삽화가 있다. 파리의 동남쪽 교외 프렌Fresne 감옥에 있는 강당을 그린 것이다. 그림은 옛날 극장이나 원형경기장에서 수많은 사람이 밝게 조명한 무대 위에 있는 소수의 출연자를 보던 것과 공간구성이 같다. 그러나 보고 보이는 관계는 정반대로 바뀌어 있다. 근대에 들어와서는 소수의 관리자가 다수의 군중을 감시하는 공간 도식으로 바뀌었다.

수많은 노동자를 한눈에 감시한다는 발상은 노동자를 커다란 사무 공간에 넣고, 공장 라인처럼 책상을 배치한 뒤 관리하는 20세기 미국 대량생산 시스템에서도 나타난다. 1910년 시카고 공장을 보면 타이피스트들이 똑같은 책상에서 정연하게 일하고 있고, 감독자는 제일 뒤에서 이들의 등을 보며 감시하고 있다. 이런 형식을 '불펜형'이라 한다.

교육도 억압 시스템 가운데 하나다. 학교에서도 이런 계단식 강의실을 사용한다. 학생들은 제일 뒷줄에 앉으려고 하는데, 이는 선생의 권력으로부터 조금이라도 떨어져 앉으려는 생각 때문이다. 영국에서는 19세기 말부터 계단식 강의실을 사용하지 않았다고 하는데, 교육하는 쪽에서는 계단식 강의실을 이상적으로 여기지만 교육을 받는 쪽에서는 앞자리부터 억압을 받는다고 여기기 때문이었다. 보통 교실도 마찬가지다. 교실에는 칠판이 있고 그 아래

교단과 선생의 교탁이 있으며 그 앞에 책상과 의자가 놓여 있다. 이 교실은 복도에서도 들여다볼 수 있어서 교장은 교사의 수업을 볼 수 있다. 공간적으로 그 자체가 위계적이다. 교실 모양이 사각일 뿐이지 원형 교실과 다를 바 없다.

학교가 피라미드형 권력 구조를 낳는다는 비판이 있다. 학교는 피라미드형 사회 안에서 지배계급에 순종하는 사람을 만들어내는 기관이고, 가정은 학교를 따라간다는 것이다. 본래 교육이 있기 이전에 배움이 있고, 각자에 가장 적합한 배움의 환경을 선택하는 것이 자연스러운 일이다. 그런데 교사가 학생의 관리자이자 지배자가 되는 곳이 학교이고 그것을 강화하는 것이 학급이라는 것이다. 또 어떤 교실이나 똑같은 환경을 위해 모두 똑같이 남쪽에 일렬로 배치하고 경제적인 효율을 위해 최소의 폭으로 북쪽에 복도로 교실을 잇는다. 교실 수가 많으면 일정한 길이만큼 위로 쌓으면 되고, 교무실과 학생은 따로 접근하게 만들어 관리하는 쪽과 관리되는 쪽을 분명하게 구분한다. 권력적인 교육 시스템에서 나온 공간 도식이다. 학교가 경쟁과 차별, 그리고 권력의 장이라면 학교 건축은 이러한 힘의 구도를 실천하는 곳이 된다. 그러나 배움의 공존으로 바뀌어야 한다면 학교 시스템과 함께 학교라는 공간 장치도 바뀌어야 한다.

루이스 칸의 시설

인간의 시설

경직된 기능주의적 근대건축은 우리 주변에 너무 많다. 한번 지어진 건축물은 큰 변동이 없는 이상 오래 남아 있다. 우리는 이러한 건축을 어떻게 극복할 수 있을까? 구체적으로 어떻게 이와 다른 새로운 건축을 많이 만들 수 있을까? 루이스 칸은 이러한 경직된 기능주의적 근대건축을 강하게 비판하며 현대건축의 문을 연 자신의 건축 사고를 제시했다. 우리는 책임 의식을 가지고 그의 건축

사고를 충분히 살펴보아야 한다.

그는 '시설'이라는 측면에서 근대건축을 다시 바라보고자 했다. 칸은 건축가의 가장 큰 임무를 사람들에게 필요하고 사람들이 바라는 시설을 만드는 것이라고 말했다. "나는 그것이 정부의 시설이든 가정이라는 시설이든, 배움의 시설이든 또는 건강과 여가 시설이든, 모든 건물은 인간의 시설에 도움을 주어야 한다는 감각 이상으로 건축가가 전문인으로서 할 수 있는 더 큰 일은 없다고 생각한다." 이것은 시대가 어떻게 변하든지 상관없이 언제나 건축가의 가장 큰 임무다.

그는 기능주의로 왜곡된 근대건축을 극복하기 위해서 가장 먼저 할 일은 인간의 시설에 대해 진지하게 생각하고, 주택과 공장과 광장과 미술관이라는 수많은 시설이 왜 생겨났으며, 과연 무엇을 위해 존재하는지 근본을 향해 물어야 한다고 말했다. "지금이야말로 우리를 비추는 해도 근본적으로 다시 생각해야 하고, 우리의 모든 시설도 근본적으로 다시 생각해야 할 때라고 생각한다." 오래전에 한 말이라고 이 과제가 끝난 것이 아니다. 지금도 계속되고 있는 과제다.

비올레르뒤크와 루이스 칸이 그린 카르카손[114] 스케치*도 비교의 대상이 되었다.[115] 비올레르뒤크가 작성한 나르본느 성문Porte Narbonnaise 드로잉*은 돌 하나하나까지 세심하게 그려 디테일을 충실하게 복원했다. 그런데 똑같이 카르카손 건물을 그린 칸의 드로잉은 전혀 다르다. 칸은 총구가 있는 카르카손의 낮은 벽과 탑을 선택적으로 강조한다. 언뜻 보면 왜 이것을 그렸는지 의아하기도 하다. 그러나 총구가 있는 낮은 벽이라는 형태는 카르카손이라는 '시설'이 만들어지게 된 근본을 직관적으로 표현한다. 비올레르뒤크는 성城을 결구하는 방법에 모든 관심을 기울인 반면, 칸은 성이라는 '시설'에 자신의 상상력을 투사하고 있다. 이렇게 칸의 드로잉은 카르카손 성이 왜 지어져야 했으며, 그곳에서 사람들은 어떻게 싸우고 자신을 방어하고 싶어 했는지 관심이 집중되어 있다.

칸은 시설에 대해 오늘날에도 깊이 생각해볼 많은 말을 남졌다. "시설은 건물이 아니다. 시설은 그것이 지지되고 있는 동의 同意다. 시설은 이런 종류의 행위가 인간의 본성이라는 점에 대한 동의다. 시설은 삶의 방식에 대한 부인할 수 없는 한 부분이다."[116] 이런 칸에 대하여 이탈리아 건축가 로말도 지우르골라Romaldo Giurgola는 다음과 같이 말했다. "우리는 칸 덕분에 '시설'이라는 말을 다시 정의할 수 있었다. 만일 이 시대의 모순이 사물의 변하기 쉬운 본질을 나타낸 것이라면, '시설'이야말로 인간 공동의 신념을 표현하는 것이다."[117]

지금 존재하는 것의 '이전'을 생각하는 것이 중요하다. 그러면 오늘날에도 만연해 있는 경직된 근대건축의 방법을 극복할 수 있다. 지금 존재하는 것의 이전을 가장 빨리 이해할 수 있는 루이스 칸의 단순한 발언을 보자. "건축주는 면적을 구하지만 건축가는 공간을 준다. 건축주는 복도를 생각하지만 건축가는 갤러리라는 근거를 찾아낸다. 건축주는 예산을 제시하지만 건축가는 경제성을 생각한다. 건축주는 로비lobby에 대해 말하지만 건축가는 엔트런스entrance라는 장소로서 품위를 그곳에 가져다주는 것이다."[118]

면적 이전에 공간. 건축주가 요구하는 면적의 기준을 포함하면서도 그것이 과연 사람들에게 어떤 의미와 행위를 보장하는지 생각해야 한다. 복도 이전에 갤러리. 초등학교의 복도를 생각해보라. 최소로 필요한 일정한 폭을 유지하며 학생이 무리 없이 잘 지나다닐 수 있는 복도보다 더 중요한 것이 있다. 안에서 학생들이 어떤 흐름으로 움직이고 싶어 하는지를 생각하는 것이다. 예산 이전에 경제성. 이만한 예산 안에서 건물을 지어야 하는 것보다 더욱 중요한 것은 그 건물이 얼마나 경제적이어야 하는가이다. 로비 이전에 엔트런스. 로비라고 하면 위치나 크기, 모양이 대충 연상된다. 그러나 엔트런스는 크기와 모양이 정해져 있지 않고 사용자가 드나들면서 요구하거나 바라는 점이 남아 있는 곳이다.

'학교 이전의 학교' '주택 이전의 주택' '미술관 이전의 미술관' 등도 얼마든지 가능하다. 지금 여기에 있는 것 앞에 '- 이전의'라고 붙이면 본질이 본성이 공동성이 되살아남을 느낀다. 그 느낌이 '공통 감각'이다. 그리고 공통 감각은 '이전에' 지니고 있는 건축적 원상을 불러일으킨다. 건축가가 '이전'을 생각하고 본성을 생각해야 하는 이유가 바로 여기에 있다.[119] 칸은 1955년의 오래된 글에서 "철도역이 길이 되고자 한다."라고 말한 바 있다. 이것은 '철도역 이전의 길'을 생각함으로써 철도역의 새로운 본성을 설계하고자 함이다. 이렇게 간단한 말 속에 얼마나 건축의 본래 모습을 잘 나타나게 했는가.

'제0권volume 0'도 루이스 칸이 만든 말이다. 건축의 어떤 공간이나 크기volume를 '0'이 되도록 비워두자는 멋진 말로 이 단어를 잘못 인용하는 건축가도 있다. 사실 칸은 영국 역사를 좋아해서가에 영국사 책을 꽂아두었는데, 제3권을 보면 이상하게 제2권이 읽고 싶고, 제2권을 보면 다시 제1권이 읽고 싶어졌는데, 바로 이 제1권을 손에 쥐고 읽으면서는 그 앞에 있는 제0권이 읽고 싶다는 일화에서 나온 말이다.[120] 그러니까 이 제0권은 앞에서 말한 '이전'의 또 다른 표현이다.

1950년대 후반, 루이스 칸은 사고에 큰 변화가 있었다. 그는 유명한 'Form'과 'Design'의 관계로 건축설계를 설명했다.[121] 나무로 비유하자면 'Form'은 땅속에 있는 뿌리 같은 것이고 'Design'은 땅 위로 나와 있는 나무와 같은 것이다. 떡잎에서 나무가 생기고 뿌리에서 나무가 자라듯이, 건축설계는 'Form'이 자라 'Design'이 되는 과정이다.

이처럼 'Form'은 일반적으로 우리가 이해하는 모양이나 치수 같은 것이 아니다. "표현하려는 바람은 최초의 돌이 놓이기 이전에 존재하고 있었다."라는 칸의 말처럼 'Form'은 '- 이전의'라는 '시설'이 가진 본질적인 의미의 다른 표현이다. 이것을 물질로 구체화하는 것이 'Design'이다. 그래서 칸의 'Form'을 말할 때는 대문자 F를 쓰며, 이를 형태라 번역하지 않는다. 동양화론에 이런 말이 있다고 하지 않는가. 의재필선 화진의재意在筆先 畵盡意在[122] "뜻은 붓보다 먼저 있으며, 그림이 다 그려진 다음에도 뜻은 존재한다."라는 뜻인데, 'Form'과 'Design'이 이와 통하는 말이다.

이렇게 되면 누구나 당연하다고 믿는 지금의 건축 사고에 의문을 품게 되고 건축을 둘러싼 논의를 다시 시작하게 된다. "오늘날의 건축이 크게 결여하고 있는 것은 시설이 정의되어 있지 못하다는 것이며, 프로그래머가 준 그대로 이 시설을 건물로 만들고 있다는 점이다."[123]

그리고 '다시' 생각하기를 강조한다. 칸이 재구축reconstruction, 재프로그래밍reprogramming, 재고려reconsideration, 다시 쓰기rewriting, 재사용re-using 등 '다시' '재'라는 단어를 많이 사용한 것도 이 때문이다. 그는 자신의 생각을 '시설'에 집중하며 이렇게 말한다. "왜 이 변혁인가? …… 인간의 '시설'에 대해 의문을 품기 때문이다 …… 그것은 사실의 재정의再定義, redefinition of things다."[124]

다시 정의하려면 어떻게 해야 할까? 이는 원점에서 다시 생각하는 것이다. 바로 이 원점이 앞에서 자세히 설명한 '공동성'이다. 그는 이렇게 말했다. "우리는 수도원이라는 것이 이제까지 존재하지 않았다고 가정하는 것에서 시작했다. 우리는 수도사라는 말, 식당이라는 말, 경당, 독방이라는 말을 잊어야만 했다."[125] 이것은 그가 낸 과제에만 해당되는 것이 아니다. "우리는 이 시설이 이제까지 존재하지 않았다고 가정하는 것에서 시작했다."라는 사고 방식은 오늘날에도 그대로 적용된다. 그래서 그는 학교라든지 학원이라든지 유치원이라는 빌딩 타입을 말하지 않고 "배움의 시설"[126]이라고 말함으로써 학교 이전의 학교를 생각한다.

모든 건물은 주택

위 설명도 어렵게 들린다면 다음과 같이 생각해보자. 칸은 이렇게 말했다. "모든 건물이 주택이다. 그것이 의사당이든 단지 개인이 사는 주택이든." 공장이 어떻게 주택이 되며, 학교가 어떻게 주택이 되는지 되묻고 싶을 것이다. 아마 크기가 작고 가족이 살며 박공지붕에 작은 정원에서 꽃을 키우고 있는 장면을 주택으로 먼저 떠올리기 때문일 것이다. 물론 공장을 주택이라 부르지 않으며 학교를 주택이라고 부르지 않는다. 그렇다면 주택이 모든 건물의 기원이라는 뜻인지 묻게 될 것이다. 그러나 이는 건축사에서의 의미를 말하는 것이 아니다.

주택은 사는 사람과 공간의 관계가 가장 자유로운 곳이다. 주택은 사는 사람의 여러 행동을 구속하지 않는다. 주택에서 부엌은 식사를 위하여 요리를 하는 곳이지만, 그렇다고 요리라는 행위 하나만을 위한 곳도 아니며 요리라는 행위만을 효율적으로 수행하는 곳도 아니다. 부엌은 요리를 기본으로 하면서 이에 수반되는 다양한 행위가 가능한 곳이다. 요리하면서 누구와 대화를 할 수도 있고, 잠시 책을 펼칠 수도 있으며, 가족 모두가 요리에 동참할 수도 있다. 그렇기 때문에 주택은 공간을 미리 정하고 사는 이를 구속하는 것이 아니라, 사는 이의 생활 방식을 자유롭게 풀어놓음으로써 생기는 가능성을 발견하는 곳이어야 한다. 이렇게 보면 우리가 잘 알고 있는 주택은 이미 '주택'이 아니다.

주택에는 인간이 만든 모든 건축의 근본이 숨어 있다. 시설이란 본래 주택에서 파생된 것으로 주택의 일부 기능이 자라서 독립하여 형성된 것이다. 아주 먼 옛날 사람들이 지을 수 있는 건축은 단 한 가지 주택뿐이었다. 주택은 신전이기도 했다. 주택이란 인간이 안에 들어가 살기 위한 것이었지만, 인간은 그 안에서 살기만 한 것이 아니라 초월적 존재를 향해 모여 기도했다. 그 후 제대로 된 신전이 생기고 학교도 생겼으며 시장도 생기고 도서관도 생겼다. 그러나 이 모든 건축물의 시작은 주택이었다.

주택은 사람이 살아가기 위한 목적 공간으로 분화되어서는 안 되는 유형이다. 침실은 자기 위한 방이고, 식당은 먹기 위한 방이며, 욕실은 목욕하기 위한 방이 되도록 집합한 것이 아니다. 실제로 사람은 미처 분화되지 못한 부분에서 살고 있어서 오히려 거실, 침실, 식당이 아닌 것으로 이루어진 곳에서 진정한 생활이 발견되는 법이다.

따라서 모든 건물을 주택이라고 말할 때, 왜 그 시설이 이 사회에 지어졌으며 무엇을 위해 있는가를 모든 건물의 시작인 주택을 근거로 물음으로써 시설의 진정성을 회복할 수 있다. 이 말을 공장에 넣어보면 "공장은 주택"이 된다. 이 말은 지금의 공장 건축을 의심하게 만든다. 지금 우리의 공장은 과연 주택과 같은 친숙한 성질이 있는가, 공장의 노동자는 공장을 자신의 주택이라고 생각하고 있는가, 공장의 식당이 주택의 식당과 같이 되려면 어떻게 해야 하느냐는 질문을 불러낸다. 또 어렴풋하지만 무언가 답이 있다는 것을 인식하게 된다. 학교에 대해서도 마찬가지다. 지금 우리의 학교 건축이 학생에게 주택과 같은 친밀함을 주는 복도와 방이 되고 있는가 되묻게 만든다.

이미 알고 있는 공장을 떠올리면 칸이 왜 'Form'이라는 개념을 들어 시설을 새롭게 갱신하고자 했는지 이해할 수 있다. '주택'은 'Form'이다. 공장을 주택이라고 생각하는 것은 공장이라는 시설이 이제까지 존재하지 않았다고 가정하는 것이다. '공장 이전의 공장'을 생각하는 것이며, 공장을 다시 정의하는 것이다. 공장이라는 시설Form로 생각하는 것은 공장인 건물Design의 이전을 묻는 것이다. 그리고 '주택'인 공장이라는 시설은 공장을 지지하고 있는 많은 사람의 동의에서 찾을 수 있다.

"루이스 칸은 '모든 건물은 주택이다.'라고 말한 듯하다. 내가 주택을 설계할 때면 언제나 그것이 주택이 아니라고 생각한다. 주택 이외의 것을 설계할 때면 그것은 주택이라고 생각한다. 나는 주택이라는 것은 존재하지 않는다고 생각한다. 주택이란 무엇인가? 그것은 아마도 살기 위한 장소라는 것을 재정의하는 것이라고 생각한다."[127] "모든 건물은 주택"이며 "살기 위한 장소라는 것을 재정의하는 것." 모두 칸의 용어를 빌려, 시설을 재정의하려는 후지모토 소스케藤本壮介의 글이다. 칸의 사고가 현대건축의 사고에 얼마나 깊이 들어와 있는지 반증하는 대목이다.

같은 도시 공간에 시설이 자리 잡아도 건물의 목적에 따라 전혀 다른 모습을 나타낸다는 것을 열심히 주장한 사람도 칸이었다. "시청사는 마을의 중심이 있는 풀밭에 마련된 집회 장소에서 발전한 것이다. 시청사는 아마도 도시 안에서 가장 불명예스러운 건물이다. 왜냐하면 그곳은 세금, 납부금, 재판소, 교도소와 관계가 있는 장소로서, 아무도 거기에서는 만나지 않기 때문이다. 사람들의 관심은 아주 크게 넓어지고 다양해졌지만, 마을의 풀밭에 마련된 집회 장소가 있었던 이래 우리의 관심을 드러내는 장소는 없다."[128] 문장을 잘 보면 시청사는 그 자체의 기능으로 보면 시민들이 좋아하지 않는 시설이었고 '마을의 중심'과 누구나 찾아올 수 있는 '풀밭'에 있어서도 마찬가지였음을 알 수 있다. 그러나 시청사가 아닌 집회 장소가 마을 풀밭에 자리를 잡고서야 비로소 사람들이 그곳을 찾아가게 되었다. '풀밭'이라는 도시적 공공장소가 시설의 목적으로 결정된다는 뜻이다.

건축이란 인간이 함께 모여 합의를 이루며 무언가의 '목적'을 위해 사용하는 것이다. 근대건축이 비판된 이래, 우리는 오히려 건축의 목적을 기능이라는 개념으로 일원화하는 데 익숙해져 버렸다. 그러나 '목적'이 단순한 건물의 용도를 넘어서는 것은 파울 프랑클의 말대로 "사람들은 건물 앞에 서 있는 것이 아니라 건물이 사람을 둘러싸며" "건물과 인간이 서로 작용하는 것"[129]이기 때문이며, 따라서 시설을 둘러싼 '목적'은 계속 탐구되어야 한다.

파르테논과 수도원

두 파르테논

우리는 파르테논을 인류가 만든 가장 훌륭한 건축이라고 배웠다. 정확한 비례로 지어졌고 완벽한 형태를 가졌으며 흰 대리석에 내리비치는 빛과 그림자의 조형적 효과가 탁월하기 때문이라고 배웠다. 게다가 아테네 아크로폴리스Acropolis를 둘러싼 훌륭한 조망도 칭찬을 받는다. 그러나 이것은 파르테논을 결과물로 바라본 것이다. 파르테논을 만들게 한 근거는 아니다.

아테네 아크로폴리스의 파르테논은 그리스 신들이 지상에 머무는 신성한 도시국가의 중심이었다. 그것은 그리스의 눈인 '아테네의 횃불'이었다. 파르테논은 판아테나이아Panathenaia 축제 행렬의 목적지였다. 판아테나이아는 모든 아테네 사람이라는 뜻으로 모든 아테네 사람이 참여하는 축제를 말한다. 아테네의 수호

여신 아테나를 위한 이 축제는 4년마다 열렸으며, 사람들은 여신에게 바칠 예물을 들고 긴 행렬을 이루며 아크로폴리스로 향했다. 이처럼 아크로폴리스는 그 자체가 신전의 성스러운 포디움podium이었다. 도시로부터 철저하게 격리된 파르테논의 화려한 형상은 피레우스Piraeus에 입항하는 배 위에서도 보여야 했다. 파르테논의 조각적 완벽함과 비례, 빛과 그림자의 교차라는 건축적 특징이 있기 이전에, 도시 공동체의 희망과 기억, 곧 공통 감각이 있었다.

르 코르뷔지에와 루이스 칸, 이 두 거장은 파르테논을 어떻게 바라보았을까? 두 사람이 아크로폴리스를 그린 스케치는 건축에 대한 각각 다른 근거를 나타낸다. 그것은 파르테논이라는 건물 자체에 대한 평가가 아닌 두 사람의 건축적 자세를 말해준다. 그렇다면 우리는 파르테논을 어떻게 바라보고 있는 것일까?

코르뷔지에의 스케치˚를 보면, 아크로폴리스의 프로필레아Propylaia에 몸을 두고 문의 열주를 넘어 신전의 동적인 구도에 관심을 두고 있음을 알 수 있다. 그는 열주와 신전을 보면서 물체의 기하학적 배열을 생각하고 있다. 원경을 그린 다른 스케치도 있다. 파르테논 신전은 이타카Ithaca 지방의 자연과 함께 아크로폴리스의 언덕 위에서 하나의 장대한 조각물이다. 코르뷔지에는 근본적으로 역사적 건축을 화가의 눈으로 바라보고 있다.

이것은 건축에 대한 그의 유명한 정의, "건축은 빛 아래에 모인 여러 입체의 교묘하고 정확하며 장려한 조합이다."라는 시각적으로 사물을 파악하는 기본적 입장을 나타낸 것이다. 물체는 밝기와 형태가 바뀌며 변화하는 "빛의 조합jeu de lumiére" 속에서 명료하여 "아름다운 형태, 기하학적인 원리에 의한 통일. 깊은 곳에서 조화가 전달"될 때, 비로소 "그것은 건축이 된다."라는 그의 관점을 그대로 나타내고 있다.

코르뷔지에는『건축을 향하여Vers une Architecture』에서 파르테논이 완벽한 조형 체계로 이루어져 있고 그것을 만들어낸 정확한 이성에 감동한다. "파르테논 …… 그리스인들은 하나의 조형 체계로 직접 우리들의 감각에 강하게 작용하는 것을 창조한다. 파르테논 …… 여기에 우리의 마음을 감동시키는 기계가 있다. …… 파르테논의 모데나튀르modénature는 극복할 수 없는 완벽한 것이다. …… 파르테논은 고도의 정서, 수학적 질서라는 자신을 준다."[130]

그러나 칸의 스케치*는 이와는 관점이 다르다. 아크로폴리스 전체가 잘 보이는 아레오파고스Areopagos 언덕에서 그렸다는데, 유명한 파르테논이나 에레크테이온Erechtheion은 거의 보이지 않는다. 코르뷔지에처럼 파르테논이 잘 보이는 위치가 아니라 거의 매일 보고 지내는 공동체의 시선으로 바라보고 있다. 아크로폴리스를 그린 그의 스케치는 빛과 그림자를 받는 물체로 건축물을 바라보고 있지 않다. 하이데거는 이러한 아크로폴리스에 대하여 다음과 같이 썼다. "신전은 거기 있음으로써 자기 둘레에 비로소 처음으로 탄생과 죽음, 저주와 축복, 승리와 굴욕, 존립과 몰락이 운명의 형태로 인간 본질에 다가오는 모든 길과 관계를 통일적으로 결합하고 모아들이듯."[131] 마찬가지로 칸도 아크로폴리스라는 장소의 의미, 그것에 보호되고 그것과 함께 호흡하며 그 아래에서 함께 모여 사는 이들의 공동성이 신전이라는 '시설'에 투영되어 있음을 확인하고 있다.

칸도 아크로폴리스를 충실하게 그리고 있지만, 코르뷔지에와 같은 건축가의 자각, 입체, 그리고 구성을 말하려는 것은 아니었다. 지금이야 쉽게 아크로폴리스에 들어가 파르테논의 아름다움을 느낄 수 있지만, 당시에는 칸이 그린 그림처럼 군집한 건물 덩어리가 대지를 딛고 대지와 일체가 된 모습과, 그 위에 선 건물보다는 아테네 도시 공동체의 정신적 중심으로서의 아크로폴리스 언덕을 바라보고 있었다.

두 수도원

건물의 목적을 본질적으로 이해하며 설계한다는 것은 무엇일까? 르 코르뷔지에의 라 투레트 수도원Couvent Sainte de La Tourette*과 루이스 칸의 도미니코 수녀회 본원Dominican Motherhouse* 계획을 비교하며, '시설'에 대한 두 거장의 생각이 어떻게 다른지 살펴보자. 두

계획 모두 도미니코 수도회 소속 수도원이며, 규칙에 따라 사는 수도자의 생활을 담는 시설이다.

마리알랭 쿠튀리에Marie-Alain Couturier 담당 신부는 라 투레트 수도원 설계를 코르뷔지에에게 맡기면서, 르 토로네Le Thoronet 는 변치 않는 수도원의 본질을 담고 있는 "순수한 상태의 수도원" 이면서 경사 지형을 훌륭하게 이용하고 있으니, 설계 전에 반드시 찾아가 보도록 부탁했다. 자신이 그린 스케치까지 동봉하며, 수도원의 본질은 수도자의 공동생활이 이루어지는 회랑 공간에 있다고 강조했다.[132] 쿠튀리에 신부는 1953년 7월 28일 코르뷔지에에게 이렇게 편지를 썼다. "르 토로네에 가셔서 그곳을 사랑하게 되기를 바랍니다. 언제 세워졌는가와 관계없이 그곳에는 수도원의 본질적인 모습이 있습니다. 공동생활을 하면서 침묵과 내성內省과 명상에 몸을 바치는 인간은 시간이 지난다고 변하는 것은 아닙니다. 전통적인 평면 배치에서는 회랑 주변에 세 개의 커다란 공간이 배치되어야 합니다."

코르뷔지에의 초기 스케치에는 최종안처럼 개실이 군을 이루며 ㄷ자로 둘러싸여 있다. 사보아 주택의 평면처럼 성당으로 이어지는 경사로도 중정 가운데에 계획되었다. 그 이후에는 중정의 십자형의 통로도 나타나고, 입구에서 옥상에 이르는 경사로가 성당의 외벽을 따라 계속 나타난다. 왜 그랬을까? 수도자의 명상 장소를 굳이 옥상에 두려 한 것은 수도자는 늘 행렬을 이루며 온종일 시편을 낭송한다고 잘못 생각하였기 때문이다. 라 투레트의 설계 개념은 시설의 목적에 대한 이해가 아니라, 근대인의 명상 공간인 사보아 주택의 옥상정원이라는 자신의 건축적 어휘로 종교 시설을 설계하고 싶었던 것이다.

라 투레트는 회랑 공간에서 계획이 시작하지 않았다. 그가 설계를 의뢰받고 그린 최초의 스케치에는 비스듬한 사선이 길게 그어져 있는데, 대지의 자연적인 경사에 대하여 처음부터 '외부 경사로'를 생각하고 있었으며, 시설의 본질보다는 자신의 프로토타입을 더 중요하게 생각하고 있었다.[133] 그러나 수도원 측은 회랑을 명상과 교통의 기능으로 나누어서는 안 된다는 이유로 거부했다. 이에 코르뷔지에는 옥상에 둔 회랑은 수도자들의 종교적 생활과 맞지 않는다고 판단하여 이 안을 철회했다.[134]

그 결과, 라 투레트 수도원은 전체를 필로티로 들어 올리고, 평면상으로는 개실군으로 둘러싸이게 되었다. 그렇지만 이 중정은 수도원 본연의 중정이 아니다. 경사면 위에 놓인 중정은 조각적 형태와 통로가 점유하고 있다. 그리고 완전히 닫힌 회랑은 중정과 분리되어 있어 회랑 안쪽에서 중정을 바라보게만 되어 있다. 이 회랑은 걷기 위한 통로이며, 독서하고 명상하는 수도원 고유의 장소가 아니다.

그러나 루이스 칸의 도미니코 수녀회 본원은 전혀 다른 관점에서 설계되었다. 이 수녀원은 라 투레트처럼 개실군은 ㄷ자로 둘러싸고 있고, 공동 시설은 군을 이루며 ㄷ자형의 열린 쪽을 막고 있다. 언뜻 보아 공동 시설군은 정방형의 윤곽을 가진 평면들이 자의적으로 구성된 듯 보인다. 그러나 칸의 수녀회 본원 계획은 쿠튀리에 신부가 "순수한 상태의 수도원"이라 말한 르 토로네에 훨씬 근접해 있다. 즉, 수녀원의 성당은 독립되어 있으나 다른 요소보다 우월하지 않으며, 식당과 집회실 등의 건물들은 르 토로네처럼 직접 중정의 회랑을 형성하고 있다.

이처럼 칸의 도미니코 수녀회 본원이 라 투레트와 다른 점은 ㄷ자의 개실군을 제외한 나머지 공간, 즉 회랑으로 둘러싸인 수도원에 대한 해석의 차이에 있다. 건물들이 제각기 각도를 틀면서 모퉁이와 모퉁이를 연결하려는 의도는 계획 초기부터 있던 것이다. 그러나 이것은 형태의 조작이 아니라, 요소들 일부가 모여 회랑을 형성하기 위함이었다. 또한 도미니코 수녀회 본원은 크고 작은 정방형의 성당과 식당, 집회실이 제각기 대등한 가치를 가지고 모여 있다. 때문에 수도자들이 성당에 있으면 성당이 수녀원의 중심이 되고, 식당에 있으면 식당이 중심을 이루며, 집회실에 있으면 집회실이 이 수녀원의 중심을 이룬다. 다시 말해 이 건물에는 형태적 중심이 없다. 시설을 사용하는 사람과 그들의 행위가 이동함에 따라, 시설의 중심이 이동하는 다중심多中心 건축을 지향한다.

초기안에서는 길게 이어진 공동 시설들이 수녀원의 단순한 경계를 이루었으나, 점차 이 건물들은 또 다른 군群으로 발전했다. 그 결과 중정은 은밀하게 보호되고, 중정을 중심으로 공동체의 생활이 활기 있게 전개되고 있다. 그러나 회랑은 공동 시설군 주위만이 아니라 개실군과 공동 시설 사이에도 나타난다. 강조된 입구 홀과 공동 시설들이 각도를 틀며 연결된 데에는 전면에는 입구 홀이, 다음으로 성당과 입구 홀 등이 이루는 회랑이, 또 그 뒤로는 식당동, 그리고 마지막으로 개실군 등, 모두 네 겹의 경계를 이루며 수녀원 공간을 나누기 위함이었다.

이렇게 해서 영역은 위계적으로 나뉘었는데, 이 영역들은 각각 정신 생활, 집단 생활, 개인 생활에 해당한다. 이처럼 칸의 도미니코 수녀회 본원은 처음부터 수도원의 중심인 회랑과 그 주위에 수도원의 일상생활의 장을 만드는 데 목표를 두었다. 코르뷔지에가 라 투레트에서 계획 초기부터 종교적 행렬을 이념화하고, 이를 경사로와 같은 건축가 개인의 어휘로 치환한 것과는 전혀 다른 '시설'에 대한 자세였다.

도서관
열람실과 서고

건축에서 '시설'이 어떤 의의를 지니는지 더욱 쉽게 이해하기 위해, 자신이 다니고 있거나 다녔던 대학 도서관을 생각해보자. 대부분 도서관은 로비에 들어서면 카탈로그 상자나 컴퓨터 단말기가 나타나고, 그 앞에서 책을 찾게 되어 있다. 서울대학교 중앙도서관은 단말기를 이용하지 않고 서고로 가려면 어두운 계단실의 방화문을 지나가야 한다. 각층의 서고는 방화문에 붙어 있는 표지로 판단한다. 건축 책을 찾으려면 모양이 똑같은 다른 분야의 서가가 즐비하게 서 있는 서고를 한참 지나 창이 있는 곳까지 가야 한다. 서고는 공간구성의 대상이 되지 못하는 것이다. 이렇게 힘들게 원하는 책을 찾아도 주변에는 책을 조용히 읽을 곳이 없다. 책을 빌리기 위해 아까 지났던 어두운 계단을 다시 내려와 대출계에 들른 다음, 로비를 지나 연구실까지 책을 들고 온다. 정작 내가 책을 읽는 곳은 중앙도서관이 아니라 연구실 안이다. 도서관은 책을 빌리는 곳이지 읽는 곳이 아니기 때문이다.

누구나 대학 도서관에서 이런 체험을 하는 이유가 뭘까? 입구 로비에서 목록 서지를 찾고 대출실에 부탁한 다음 책이 나오기를 기다리다가, 책을 받으면 도서관 밖으로 나가거나 열람실을 찾아가는 건축계획인 책의 동선도를 그대로 만들어놓았기 때문이다. 따라서 이런 도서관에서는 서고는 열람자에게 보이지 않으며, 이름 그대로 '책의 창고'가 되어 건물 뒤편에 배치된다.

그러나 이 '동선도'란 도서관의 본질과 무관하다. 도서관이라는 시설의 역사를 살펴보면, 책과 사람의 직접적인 관계가 표상表象의 관계로 분리되어 왔음을 알 수 있다. 도서관에서는 처음부터 책을 서가에 가지런히 꽂아둔 것이 아니었다. 17세기 초 프랑스의 한 역사가가 자기 서재에서 책 제목을 앞에서 볼 수 있게 늘어놓은 이래, 도서관의 책은 실체가 아니라 이름으로 분류되었다. 그 결과 진열된 수많은 책은 일종의 '색인'이 되어 열람자에게 다가오게 되었다. 계몽주의 시대 이후, 도서관이란 모든 지식의 보고寶庫였으므로, 열람자가 마치 모든 지식을 소유하고 있는 듯한 느낌이 들도록, 모든 책이 벽면에 꽂혀 있는 넓은 홀 형의 공간으로 계획되었다. 이때부터 도서관의 책은 '지知'의 세계인 건축 공간을 장식하게 되었다.

런던에 위치한 대영박물관The British Museum의 원형열람실은 이러한 사정을 나타내는 가장 좋은 예이다. 이 열람실은 철저한 테크노크라트technocrat인 앤서니 파니치Anthony Panizzi의 주도로 이루어졌다. 그러나 이 열람실에 소장된 도서는 참고 도서 컬렉션뿐이며, 전체 소장 도서에 비하면 극히 일부분에 지나지 않았다. 장서는 별도의 서고에 소장되었는데, 서고는 열람실보다 훨씬 넓은 면적을 차지했다. 이렇게 독립된 서고는 더욱 많은 책을 효율적으로 가득 채우기 위해 층높이를 낮게 하였으며, 열람실에는 책을 꽂는 대신 장서 목록을 두었다. 이렇게 해서 책은 서고에 숨겨진 채 관리되었고, 도서관 로비의 장서 목록은 도서라는 실체를 대신하는 '표상'이 되었다. 이와 같이 19세기에 발명된 서고와 열람실의 분리는 그 이후 가장 일반적인 도서관 공간 조직이 되었는데, 건축계획 시간에 무심코 가르치는 도서관의 동선도란 이렇게 만들어진 것이다.

책이 초대하는 도서관

루이스 칸이 설계한 미국 엑서터 도서관Exeter Library˙은 시설로서의 도서관을 다시 정의한다. 먼저, 엑서터 도서관의 중앙 홀 공간은 아름다움을 넘어, 보는 이에게 벅찬 감동을 전해준다. 비어 있는 거대한 공간에 최대한의 원형 개구부를 내고, 그 뒤에 가득 찬 책의 세계가 펼쳐진다. 우리는 이제 '책이 있는 장소'에 도착한 것이다. 이러한 감동은 과연 어디에서 비롯되는 것일까? 중앙 홀의 네 면을 에워싼 거대한 원형 개구부의 형태와 위에서 내리비치는 빛의 효과에서 비롯된 것일까? 우리는 이렇게 건축의 힘과 감동을 물질적으로 조합된 공간과 형태에서 찾으려 한다. 그리고 물질의 결합을 더욱 풍요롭게 하는 빛과 그림자의 연출 속에서 건축의 모든 것을 발견하려 한다. 더구나 우리는 건축을 관객에 불과한 관찰자의 눈으로 판단하고, 또 그렇게 건축물을 짓는다.

칸은 도서관에 대해 여러 곳에서 말한 바 있다. 그는 서고와 열람실이 분리되어 있고, 로비의 장서 목록이 책의 실체를 대신했던 19세기 이후의 도서관을 비판한다. 그런 도서관은 "파일이나 목록을 급히 훑어보고 책을 찾는 곳이며" "책을 훑어볼 수는 있으나 그 책을 가지고 나올 수는 없는 곳"이다. 따라서 재정의된 시설로서의 도서관은 "목록을 통해 책을 찾지 않는 일"에서 시작한다. 도서관이란 책을 모아놓은 것이 아니라 "책들의 교훈에 초대하기 위해" 존재하는 것이므로, 그것은 진정한 교실이다. 따라서 도서관이라는 건물 유형은 '도서관'이라는 시설과 다르다.

도서관에서 표현되어야 할 책과 사람의 본질적인 관계는 엑서터 도서관을 설계하기 10년 전에 이미 발표되었다. 특히 그의 사고가 변화하기 시작하던 1950년대 말 그는 도서관을 통해서 근대의 기능주의를 비판했다. 논문의 전반부는 이렇게 이어진다. "책과 사람과 서비스의 관계를 가능한 많이 포함하는 도서관의 공간 질서는 변화하는 인간의 필요성에 적합하고, 이를 건축으로 번역할 수 있는 보편적인 성질을 가질 수 있었다. 표준화된 서고와 열람실이 처음 미친 영향에 따라 설계된 도서관은 두 개의 서로 다른 공간적 특성을 가진 형태로 만들어졌다. 하나는 사람이며, 다른 하나는 책이다. 책과 열람자는 정적으로 연결되지 않는다. 책이나 다른 열람의 수단은 다른 형태를 취해야 한다. 예를 들어 서고 시스템은 폐기되어야 한다."[135] 즉 공간의 질서는 무엇보다도 변화하는 '인간'의 필요성에 따라 바뀌어야 하고, 도서관이라는 시설은 사람과 책의 관계로 다시 정의되어야 한다는 것이다.

이를 위해 엑서터 도서관은 '책의 초대'를 위한 공간, 서고 공간, 빛 아래에서 책을 읽는 공간 등 세 개의 공간으로 구성되었다. '책의 초대'를 위한 공간은, 길이 90미터의 거대한 방 좌우 벽에 무수한 책이 꽂혀 있는 에티엔루이 불레Étienne-Louis Boullée의 도서관과 프랭크 퍼니스Frank Furness의 펜실베이니아대학교 도서관이 주는 시설의 본질과 상통한다. 즉 그것은 불레의 도서관에서는 인간의 지식이란 무한히 전수되는 것이라는 책의 정신을, 그리고 퍼니스의 도서관에서는 건물의 중심 공간이 주는 공동체의 감각에 영향을 받았다.[136] 이렇게 해서 안쪽 중앙 공간은 책으로 둘러싸이고, 커다란 원이 뚫려 있는 네 개의 벽은 열람자로 하여금 오랜 시대를 걸쳐 누적된 지식에 동참하게 한다.

또한 엑서터 도서관은 자연광을 가까이하고 개인용 열람실인 캐럴carrel이 고유한 공간을 갖도록, 사람과 책을 읽는 행위와 구조가 일치되어 있다. "한 사람이 책을 들고 빛이 있는 곳으로 간다. 도서관은 그렇게 시작한다. 그는 50피트나 걸어서 전등이 있는 곳으로 가지는 않는다. 개인용 열람실은 공간 질서와 공간 구조의 원초元初, beginning가 되는 니치다. …… 이 과제란 한 권의 책을 읽으려는 사람에서 시작한다."[137] 여기에서도 도서관의 발생적 의미가 단적으로 나타나 있다. 즉 책을 읽으려는 사람은 빛이 필요하고 공간은 빛에 대해 배려함으로써, 인간과 책과 빛의 삼자 관계가 형성된다. 그는 이러한 관계의 원형을, 고창에서 빛이 떨어지는 캐럴에 앉아 책을 보며 맞은편에는 책이 가득한 책장이 놓인 중세 수도자들의 도서관에서 얻었다.

책을 읽기 위한 조적구조 외주부에는 커다란 창 밑에 책상이 있고, 옆에 있는 작은 창은 여닫을 수 있는 목제 패널로 되어 있어 빛과 캠퍼스의 풍경이 필요하면 열고, 그렇지 않으면 닫게 되어 있다. 칸의 말대로 "캐럴은 외부 세계에 속하는 것이다. 가끔 정신이 산만할 때 기분 전환하는 것은 책을 집중하여 읽는 일만큼이나 중요하다."

그 결과 엑서터 도서관은 조적구조와 콘크리트 구조를 합성하여 만들어졌다. 대학 캠퍼스를 바라보며 공부하는 바깥쪽 캐럴은 구조 안에 친밀하게 "정박하기 위해" 조적구조를 사용하였고, 안쪽 중앙 공간은 커다란 원형 개구부를 통해 어디에서나 '책의 초대'를 느낄 수 있게 콘크리트를 사용했다. 구조와 재료의 결정도 시설에 대한 인간의 필요성에 반응한 것이었다.

이것이 칸이 생각하는 '시설로서의 도서관'이다. 도서관이란 책을 쌓아두는 창고가 아니라, 인간에게 책의 정신을 일깨워주고, 인간이 전해준 지식의 정신에 동참하는 곳이다. 그러기 위해서는 인간과 책이 기능에 따라 분화되지 않고 직접 대면하며, 빛 아래에서 책을 읽는 자리가 마련된 장소여야 한다. 부엌이 거실이기를 원하고, 침실이 작은 집이기를 원하듯이, 책을 읽는 테이블의 본성은 코트로 변하고, 다시 그 코트는 도서관이라는 시설로 확장된다. 인간과 사물이 일체가 되는 공간, 그것이 '인간의 시설'이며, 이제까지 알 수 없고 느끼지 못한 건축에 이르는 길이다.

거대한 테이블

도서관에 대하여 루이스 칸은 매우 흥미로운 말을 했다. 어떤 인터뷰에서 그는 책이 놓이는 테이블을 중정으로 빗대어 말했다. "테이블은 코트中庭일지도 모르겠습니다. 단순한 테이블이 아니라, 말하자면 펼쳐진 책이 놓인 평평한 코트입니다. 이 책은 도서관 사서가 세심하게 골라놓은 것입니다. 펼쳐진 페이지는 멋진 드로잉으로 당신을 압도하고 있습니다." 무슨 뜻일까?

한 권의 책이 놓인 테이블이 있다. 테이블 위에 펼쳐져 있는 것은 어떤 사람이 관심을 가지고 읽고 있는 책이다. 그런데 이 테이블이 점점 더 커진다. 이 테이블은 이제 책상 같은 것이 아니다. 큰 테이블을 바닥에 내려놓는다. 이제 그 바닥이 점점 더 커지면 코트같이 큰 공간이 된다. 그러나 성질은 그대로 유지된다. 어떤 사람들이 보고 있는 책은 계속 펼쳐져 있다. 이렇게 하여 도서관 전체가 된다. 칸은 도서관을 인간과 책과 빛의 관계로 규정하고, 책과 인간과 빛이 가장 직접 나타나는 테이블을 책들이 펼쳐져 있는 일종의 평평한 중정이라 생각함으로써 '아직 만들어지지 않은 것'을 만들고자 했다.

이 인터뷰의 말은 그냥 지나치기에는 많은 의미를 담고 있다. 먼저 시작은 책 한 권과 그것이 놓인 개인용 테이블이다. 한 사람의 인간과 그에게 속한 사물이 있다. 책이라는 물건 → 책이 놓인 테이블 → 테이블이 놓인 중정 → 그 중정이 있는 주택 → 그 주택이 있는 동네 → 그 동네가 있는 도시 등으로 부분은 더 큰 부분으로 확대된다. 그러나 펼쳐진 책이 놓인 테이블은 도서관의 원형이다. 그 원형을 이루는 상태와 본성이 그대로 더욱 큰 부분으로 옮겨지더라도, 본성은 동심원적으로 확대되는 곳에 다른 모습으로 적용된다.

이 경우 공간의 본성은 중정이 되고 더 큰 도서관이 되어도 멋진 드로잉에 매료된 독서하는 이와 책과 테이블의 관계는 변함없이 그대로 지속된다. 작은 부분의 단독성이 그대로 유지되면서 더 큰 전체를 얻어가는 방법이다. 엑서터 도서관의 열람실은 개인의 독서 캐럴이 그대로 유지되는 한에서 도서관이다.

"테이블은 코트다." 칸은 이렇게 책과 사람의 직접적인 관계에서 도서관이라는 시설을 다시 생각하려 했다. 그는 마치 테이블 위에 책이 놓이듯, 개방되어 있으면서 그 위에 책이 놓인 "일종의 평평한 코트"를 가진 도서관을 제안한다. "도서관이란 사서가 책을 배열하고 특별히 선택된 페이지를 열어 열람자를 유혹할 수 있는 장소라고 생각한다. 거기에는 사서가 책을 놓을 수 있는 거대한 테이블이 있어야 하고, 열람자는 그 책을 들고 빛이 있는 곳으로 갈 수 있는 장소여야 한다."[138] 물론 그가 말하는 '거대한 테이블'이란 크기가 거대한 테이블이 아니다. '거대한 테이블'이란 엄선된 책이 가득한 장소를 말한다. 따라서 이 도서관에는 '서고'가 없다. 이런 의미에서 보면 엑서터 도서관의 중앙 홀과 그것을 둘러싼 서가는 일종의 '거대한 테이블'이다.

이때 평평한 코트란 열람자가 책을 대하는 가장 직접적인 장소, 기능으로 분화되기 이전 상태에 대한 영감이다. 그리하여 도서관 전체가 '테이블'이 연장된 것이 된다. 이는 테이블을 떠나 서고에 들어갔다가 다시 테이블로 들어오는 것이 아니라, 책을 읽고 책을 찾는 행위가 연속된 상태를 말한다. 도서관이 공부하는 이에게 주어야 할 가장 중요한 것은 "목록과 책의 연합"이며, "모든 책은 하나하나가 매우 사적인 접촉이며 관계"이기 때문이다.

주택과 /주택/
a house—house—home

루이스 칸은 주택에서 'a house'와 'house'를 구분하여 생각했다. "나는 학교에 간다." "나는 교회에 간다."를 영어로 할 때 "I go to a school." "I go to a church."와 "I go to school." "I go to church."가 다른 의미라고 배웠다. 하나는 "학교라는 건물, 교회라는 건물을 향해 간다."이고 다른 하나는 "학교에 수업을 들으러 간다. 교회에 예배를 드리러 간다."가 됨을 생각한 것이다.

'house'는 시대의 차이와 무관하게 지속하는 거주의 본질을 잘 나타낸다. "주택이라는 시설을 생각해보자. …… 'a house'는 상황적인 집을 말한다. 이것은 당신이 얼마나 많은 돈을 가지고 있으며, 건축주가 누구인지, 그리고 위치가 어디이고 방은 몇 개인지를 뜻한다. …… 그렇지만 건축가의 능력은 주택a house이 아닌 /주택/house을 만드는 데 발휘한다. …… 건축가는 살기에 좋은 공간으로 이루어진 영역을 찾아내야 한다. …… 그다음 건축가가 알 수 없는 한 가지가 있는데, 그것이 'home'이다. 'home'은 그 안에 사는 사람과 관계가 있다. 그렇지만 그것은 건축가가 알아서 할 일이 아니다. 단지 건축가는 이 영역을 'home'에 맞게 만들 뿐이다."[139] 이 인용문은 루이스 칸을 설명할 때 자주 등장하는 유명한 말이다. 그렇지만 주택과 /주택/을 비교하여 생각하는 일은 많이 있었으나, 이 두 가지와 'home'이 어떤 차이가 있는지는 그다지 관심을 두지 못했다.

칸이 'home'이라는 말로 드러내려고 하는 바는 무엇인가? 그리고 "그 안에 사는 사람과 관계"는 어떤 것이며, 왜 그것은 "건축가의 일이 아니다"라고 하였을까? 그는 'a house-house-home'처럼 비슷하게 보이는 세 단어를 연결하여 자주 건축의 본질을 드러내려 했다. 예를 들어 'a school-school-institution' 또는 'a work-architecture-presence'라는 식으로 건축의 관념을 비슷한 세 개의 단어로 자주 표현했다. 이러한 표현을 통해 그가 주장하려는 바는, 건축이란 '실제로 설계되어 지어지는 작품'과 '그 작품을 통해 구현하고자 하는 인간의 열망' 사이에 있다는 것이다.

따라서 칸이 특별히 주택과 관련하여 'a house-house-home'이라고 말한 것은 '거주'에 대한 더욱 본질적인 탐구를 나타내는 말이기도 하다. 따라서 이 인용문은 주택이라는 물리적인 측면a house 이전에, 그 속에 사는 사람들이 이루는 공동체home와 그 구성원에게 공간적인 가능성house이 존재한다는 사실을 지적한 것이다. 달리 말해서 이것은 '주택이라는 물리적인 집a house'-'그 물리적인 집과 그 집에 사는 사람의 관계에서 성립하는 본질house'-'그 본질과 집에 사는 사람의 관계home'인 것이다. 따라서 이를 요약하면

'물질-물질과 사람의 관계-사람'이 된다.

　　따라서 'a house'가 눈에 보이는 물질적 특수해라면, 'house'
는 눈에 보이지 않고 아직 구체적인 형상을 하지 않은 일반해다.
그러면 이때 'home'이란 어떤 의미를 지닐까? 'home'이란 구체적인
물질로 이루어진 집이 아니라 가족생활의 장을 말한다. 칸의 말
을 노베르그슐츠Christian Norberg-Schulz의 말로 해석하자면, 'house'란
'자기 자신이 선택한 작은 세계를 만드는 것'이며, 'home'이란 '공동
의 가치를 가지고 다른 사람과 동의하게 되는 것'이라 할 수 있다.

　　물론 칸이 직접 'home'을 '거주'라고 말한 것은 아니다. 그러
나 이 말이 공동의 가치를 드러내는 삶의 방식을 가리킨다는 점
에서, 그는 주택에 대한 '거주'의 의미를 강조했다고 할 수 있다. 따
라서 칸의 'a house-house-home'은 'a house ← house ← home'이
라는 주택의 발생적 관점을 설명한 것이다. 음악가가 쓰는 악보가
소리를 뜻하듯, 건축가가 집을 통해 생활을 읽어야 하다고 말한
것은 바로 진정한 '거주'를 통할 때 비로소 올바른 건축이 성립한
다는 것을 달리 표현한 것이다. 이는 "사람이 거주할 수 있을 때에
만 비로소 집을 지을 수 있다"는 하이데거의 말과 아주 비슷하다.

판즈워스 주택

루이스 칸이 'a house'와 'home'의 차이를 통해 드러내려는 바는
무엇일까? 이 점을 간단히 이해하기 위해 시카고 근교에 위치한
판즈워스 주택Farnsworth House을 살펴보자. 판즈워스 주택은 미스
반 데어 로에가 독신 여의사 에디스 판즈워스Edith Farnsworth를 위
해 지은 주택이다. 이 시기에 미스는 바르셀로나 파빌리온Barcelona
Pavilion에서 실현한 '공간'에 기능을 어떻게 배열할 것인가를 연구
하고 있었다. 방을 두지 않고 공간에 기능을 배열한다는 것은 공
간 속에 인간의 행위를 그대로 드러낸다는 뜻이었다.

　　기록을 보면 미스는 처음부터 이 주택을 아름다운 경관 속
에서 투명하게 보이는 하나의 오브제로 인식하고 있었다.[140] "내 생
각에 모든 것이 아름다워서, 이곳에서 프라이버시란 아무 문제가

안 된다고 봅니다. 이곳에 외부와 내부를 가로막는 불투명한 벽을 세운다는 것은 유감스러운 일입니다. 그래서 철골과 유리로 된 집을 지어야겠다는 생각이 들었습니다." 이 집의 대지가 보이는 강가에 서서 건축주와 나눈 미스의 이야기다. 그런데 이런 생각은 똑같이 독신 여성의 집이며, 편안한 분위기에서 손님을 접대하고 사회생활을 할 수 있도록 설계한 후배 주택Hubbe House과는 전혀 달랐다. 미스는 판즈워스 주택을 완전한 유리 벽으로 만들어 외부에서 자연을 통해 보이는 투명한 입체로 표현하려 했다.

이 주택의 건축주인 판즈워스는 처음에는 미스를 열렬히 이해했지만, 지붕에 물이 새고 난방으로 유리에 막이 생기는 일만이 아니라, 완전히 유리로 둘러싸인 곳에서 편안히 지내기가 어려워 결국 이 집을 떠나야 했다. 거주자는 언제나 유리 벽을 통해 노출되어 있었으며, 밤에는 편히 쉴 수 없었다. 특히 주말이 되면 고요하던 강가와 그녀의 집을 찾아오는 무례한 사람들에게 시달려야만 했다. "미스의 견해에 따르자면, 판즈워스 여사는 감출 만한 '사생활'이 별로 없었던 것처럼 보인다. 아마도 독신인 그녀를 감추어 주는 유일한 기호는 자신의 나이트가운이었다."[141]

칸의 말을 빌자면, 판즈워스 주택에서는 "그 안에 사는 사람과의 관계"에서 건축가와 거주자가 접점을 이루지 못했다. 이 주택에서 건축가는 철과 유리로 만들어진 투명한 입체라는 'a house'에만 관심을 기울였으며, 건축주인 판즈워스 역시 자신의 주택을 'home'에서 출발하지 못했다. 당시 판즈워스는 미스의 미니멀리즘적인 엄격함에 매료되어 미스에게 주택을 의뢰하였는데, 1947년 뉴욕현대미술관MoMA에 자신의 주택이 전시된 이후에는, 심지어 "주택에서 자신이 얻어야 할 바와 예술에 대한 자신의 열정을 혼동하고 있었다."[142]라고 했다.

결과적으로 판즈워스 주택은 미학적으로는 근대건축을 대표하게 되었으나, 거주자에게는 성공적이지 못했다. "아마도 이 주택은 주거라고 보기에는 어렵고 오히려 신전에 더 가까웠다. 그리고 이 주택은 거주의 필요성을 만족하지 못하고 그 대신에 미적인 묵상을 주었다."『미스 반 데어 로에: 비평적 전기Mies van der Rohe: A Critical Biography』를 지은 프란츠 슐츠Franz Schulze의 말이다.[143] 미스는 판즈워스 주택에 '유리'라는 근대적 소재를 사용함으로써 내부와 외부에 대한 기존 방식을 극복하려 했으며, 나아가 내외부의 차이를 극단적으로 나타냄으로써 거주에 대한 전통적인 이해를 근본적으로 부정하려 했다. 마시모 카치아리Massimo Cacciari 역시 미스가 사용한 유리는 거주에 대한 구체적인 부정이라고 단정한다. 왜냐하면 유리는 건축 형태를 사라지게 할 뿐만이 아니라, 그 안에 은신하려는 사람을 보이게 하기 때문이라는 것이다.[144]

건축물은 물질의 구축으로 현실의 것이 된다. 투명한 유리로 지어진 판즈워스 주택의 단순한 입체는 'a house'라는 관점에서 지어졌지만, 그 안에는 'home'이 결여되어 있다. 이 'home' 곧 /주택/은 살기 편리하고 좋은, 살 사람의 요구조건을 잘 만족시킨 것을 뜻하지 않는다. 나아가 주택과 /주택/의 차이는 주택에만 해당되지 않는다. 이 판즈워스 주택 이야기는 건축 조형이 아무리 뛰어난 건축물이라도 어린이집과 /어린이집/, 학교와 /학교/, 미술관과 /미술관/ 등의 차이를 생각하지 못하면 살 사람과 이용할 사람이 바라는 바를 공간으로 번역하지 못한다는 교훈을 말해준다.

1   Steen Eiler Rasmussen, *Experiencing Architecture*, The MIT Press, 1964, p. 12.

2   John Dewey, *Art as Experience*, Perigee Books, 1980, p. 106.

3   Steen Eiler Rasmussen, *Experiencing Architecture*, The MIT Press, 1964, p. 10.

4   같은 책, p. 10.

5   같은 책, pp. 12-13.

6   같은 책, p. 12.

7   헨리 플러머 지음, 김한영 옮김, 『건축의 경험』, 이유출판, 2017, 8쪽.

8   アドルフ ロース, 装飾と犯罪―建築・文化論集, 伊藤哲夫 訳,
     中央公論美術出版; 新装普及版, 2011.

9   같은 책.

10   DUNG NGO 지음, 김광현, 봉일범 옮김, 『루이스 칸, 학생들과의 대화』,
     엠지에이치앤드맥그로우힐한국, 2001, 40쪽.

11   같은 책, 40-41쪽.

12   《조선일보》 2009.4.22. "City of the Bang", 2004 Venice Biennalem
     9th International Architecture Exhibition

13   Jane Jacobs, *The Economy of Cities*, Random House, 1969.

14   Juhani Pallasmaa, *The Thinking Hand: Existential and Embodied Wisdom in
     Architecture*, Wiley, 2009, p. 114.

15   조성오, 『철학 에세이』, 동녘, 2005, 50쪽.

16   류시화, 『나는 왜 너가 아니고 나인가: 인디언의 방식으로 세상을 사는 법』,
     김영사, 2003, 16-18쪽.

17   槇文彦, 記憶の形象〈下〉―都市と建築との間で, ちくま学芸文庫, 筑摩書房,
     1997, p. 184.

18   http://news.chosun.com/site/data/html_dir/2016/11/23/2016112300171.html

19   アドルフ ロース, 装飾と犯罪―建築・文化論集, 伊藤哲夫 訳,
     中央公論美術出版; 新装普及版, 2011.

20   *UIA and Architectural Education: Reflections and Recommendations*, 2011.
     "Space is by its very nature social, and society is spatial. Architecture
     therefore exists to serve society primarily by designing and planning
     its spatial infrastructure."

21   浅田彰(監修), NTT出版(編集), Anyhow 実践の諸問題, 柄谷行人, '建築の不純さ'
     (Kojin Karatani, Architecture's Impurity), NTT出版, 2000, p. 134.

22   デヴィッド・ボーム(著), 佐野正博(訳), 断片と全体, 工作舎, 1985, p. 100(David
     Bohm, *Fragmentation and Wholeness*, Van Leer Jerusalem Foundation, 1976)

23 　김광현, 『건축 이전의 건축, 공동성』 「건축은 근원을 아는 자의 기술」,
　　공간서가, 2014, 37-43쪽.

24 　《동아일보》, 1967.9.7 5면

25 　이를 구별하는 설명은 다음 책을 참고하라. 남영신, 『남영신의
　　한국어 용법 핸드북』, 모멘토, 447-449쪽.

26 　움베르토 에코 지음, 이현경 옮김, 『미의 역사』, 열린책들, 2005, 10쪽.

27 　최민순 신부1912-1975는 구약성경 시편을 번역하는 등 우리나라 최고의
　　종교 시인으로 평가받는다.

28 　파울 프랑클 지음, 김광현 옮김, 『건축형태의 원리』, 기문당, 1989로
　　번역 출간되었다.

29 　Nikolaus Pevsner, "Introduction", *An Outline of European Architecture*,
　　Penguin Books, 1972, p. 15.

30 　Le Corbusier, *Vers une architecture*, Editions Flammarion, 1995(1923), p. 123.

31 　백민석, 〈건축문화팀에 바란다〉《건축문화신문》 2009. 5. 1.

32 　승효상 외, 『건축이란 무엇인가: 우리 시대 건축가 열한 명의 성찰과 사유』
　　「귀하고 귀한 울림」, 열화당, 2005.

33 　서현, 『건축을 묻다』, 효형출판, 2009, 277쪽.

34 　마이클 헤이스 지음, 봉일범 옮김, 『1968년 이후의 건축이론』, Spacetime
　　시공문화사, 2003, 299쪽(Bernard Tschumi, "The Architectural Paradox",
　　Architecture and Disjunction, The MIT Press, 1994 pp. 32-33)

35 　4권 3장 현대건축의 공간에서 자세히 다룬다.

36 　"Architects do not make buildings, they make drawings for buildings."
　　Bernard Tschumi and Matthew Berman(ed.), *INDEX Architecture:
　　A Columbia Architecture Book*, The MIT Press, 2003, p. 86.

37 　같은 책, p. 14.

38 　Spiro Kostof, "3. The Community of Architecture", *A History of Architecture*,
　　Oxford University Press, 1995, pp. 12-16.

39 　재무회계에서 손익계산서를 '플로'라 하고 대차대조표를 '스토크'라고 하듯이
　　환경 퍼포먼스 지표에서도 개념적으로는 플로의 지표물질투입량, 폐기물 배출량 등와
　　스토크의 지표대지 내 토양 중에 있는 화학물질 축적량 등이 있다고 생각한다.
　　건축 스토크란 과거에 지어져 지금까지 존재하는 방대한 건축 자산을 가리킨다.
　　21세기에 들어와 신축보다 리노베이션이나 컨버전이 압도적으로 많아짐을 두고
　　"건축은 플로우에서 스토크의 시대로" "미래는 건축 분야도 스토크의 시대"라는
　　표현을 많이 쓴다. 9권 1장 시간의 기술에서 자세히 다룬다.

40 　최종규, 〈한국말사전에 없는 '밥짓기·밥짓다'〉《오마이뉴스》, 2016.11.16.
　　http://www.ohmynews.com/NWS_Web/View/
　　at_pg.aspx?CNTN_CD=A0002261077

41   加藤耕一, 時がつくる建築: リノベーションの西洋建築史, 東京大学出版会, 2017, p. 38.

42   Bernard Tschumi and Matthew Berman(ed.), *INDEX Architecture: A Columbia Architecture Book*, The MIT Press, 2003.

43   Álvaro Siza, "Architecture: Beginning-End", *Álvaro Siza*, TOTO, 2007, pp. 6-9.

44   Bernard Tschumi and Matthew Berman(ed.), *INDEX Architecture: A Columbia Architecture Book*, The MIT Press, 2003, p. 12. 에반 더글러스Evan Douglas와 스티븐 홀Steven Holl의 의견.

45   *The Metapolis Dictionary of Advanced Architecture*, p. 58.

46   헨리 우튼이 venustas를 beauty아름다움라고 번역하지 않고 delight기쁨라고 번역한 것에 주목한 가장 중요한 책은 다음과 같다. Spiro Kostof, *A History of Architecture: Settings and Rituals*, Oxford University Press, 1995, pp. 12-18. 한편, 그로피우스Walter Gropius는 이를 "기술technics, 기능function, 표현expression"이라고도 했고, 노베르그슐츠Christian Norberg-Schulz는 "기술technics, 건물 과제building task, 형태form"라고 바꾸어 해석하기도 했다.

47   기능, 구조, 미라는 "건축의 3대 요소" "건축의 3요소"라고 흔히 표현한다. 그러나 "건축의 기본이 되는 요소는 벽, 바닥, 지붕이다."라고 할 때도 많다. 따라서 비트루비우스의 세 가지는 '요소'가 아니다. 엄밀하게는 이것을 '세 가지 입각점ratio'이라고 해야겠지만, 입각점이라는 말을 잘 사용하지 않으므로 일반적으로는 이를 '건축을 이루는 세 조건'이라는 뜻으로 '건축의 세 조건'이라고 부르는 것이 옳다고 본다. 라틴어 'ratio'는 reason이유, 동기라는 뜻이다.

48   Cyril M. Harris(ed.), *Dictionary of Architecture and Construction*, McGraw-Hill, 1975.

49   9권 1장 시간의 기술에서 상세히 설명하고 있다.

50   Fumihiko Maki, "The Art of Suki", *Carlo Scarpa, Architecture and Urbanism, 1985 October Extra Edition*, A+U Publishing, p. 207.

51   Terryl. N. Kinder, *Architecture of Silence: Cistercian Abbeys of France*, Harry N. Abrams, 2000, p. 43.

52   *El Croquis, Herzog & de Meuron 1983-1993*, p. 18.

53   A. Krista Sykes(ed.), "Introduction for 'Field Conditions/Stan Allen", *Constructing a New Agenda for Architecture: Architectural Theory 1993-2009*, Princeton Architectural Press, 2010, p. 117.

54   Hans Hollein, "Alles ist Architektur", *Bauen + Wohnen 4*, 1976, p. 121.

55   柄谷行人, 隠喩としての建築, 講談社, 1987, p. 10(가라타니 고진 지음, 김재희 옮김, 『은유로서의 건축』, 한나래, 1998)

56   A. Krista Sykes(ed.), "Architecture's Expanded Field/Anthony Vidler", *Constructing a New Agenda: Architectural Theory 1993-2009*, Princeton Architectural Press, 2010, p. 326.

57   Peter Zumthor, *Thinking Architecture*, Birkhäuser Architecture, 1999, p. 18.

58   김광현, 『건축 이전의 건축, 공동성』, 공간서가, 2014. 참조.

59   *A History of Architecture: Settings and Rituals*, p. 4. 참조.

60   플라톤, 『정치가Statesman』, 259항.

61   노버트 쉐나우어 지음, 김연홍 옮김, 『집: 6,000년 인류주거의 역사』,
다우, 2004, 82-83쪽.

62   Steen Eiler Rasmussen, *Experiencing Architecture*, The MIT Press, 1964,
pp. 14-15.

63   노버트 쉐나우어 지음, 김연홍 옮김, 『집: 6,000년 인류주거의 역사』,
다우, 2004, 119쪽.

64   같은 책, 119쪽.

65   파울 프랑클 지음, 김광현 옮김, 『건축형태의 원리』 「목적의도」,
기문당, 1989, 246-247쪽.

66   Frank Lloyd Wright, *An American Architecture*, Horizon Press, 1955, p. 18.

67   같은 책, p. 18.

68   Steen Eiler Rasmussen, *Experiencing Architecture*, The MIT Press, 1964, p. 14.

69   Alessandra Latour(ed.), "Silence and Light(1969)", *Louis I. Kahn: Writings,
Lectures, Interviews*, Rizzoli, 1991, p. 237.

70   Spiro Kostof, "3. The Community of Architecture", *A History of Architecture*,
Oxford University Press, 1995, p. 18.

71   "For this reason, buildings, among all art objects, come the nearest to expressing
the stability and endurance of existence. They are to mountains what music is
to the sea. Because of its inherent power to endure, architecture records and
celebrates more than any other art the generic features of our common human
life." John Dewey, *Art as Experience*, Perigee Books, 1980, p. 230.

72   John Dewey, *Art as Experience*, Perigee Books, 1980, pp. 221-222.

73   프랑스의 건축가이자 중세 미술사가. 1839년 나르본느 대성당을 비롯하여 베레스,
카르카손의 성당과 성벽, 파리 대성당Notre-Dame in Paris, 툴루즈의 산 세르낭
성당Basilica of St. Sernin in Toulouse, 생 드니 아미앵 대성당Basilica of St. Denis near Paris,
피에르 퐁 성Château de Pierrefonds, 로잔 대성당Notre-Dame in Lausanne 등
중세 건축의 중요한 수복 공사를 담당했다.

74   3권 3장 공동체의 공간 가운데 '공동체를 의심한다'를 참고하라.

75   Spiro Kostof, *A History of Architecture: Settings and Rituals*,
Oxford University Press, 1995, p. 41.

76   Susanne K. Langer, "The Modes of Virtual Space", *Feeling and Form:
A Theory of Art*, Charles Scribner's Sons, 1953, p. 97.

77   루돌프 오토 지음, 길희성 옮김, 『성스러움의 의미』, 분도출판사, 1995, 48쪽.

78   Yi-Fu Tuan, *Space and Place: The Perspective of Experience*,
      Univ. of Minnesota Press, 1977, p. 104.

79   Bruno Zevi, *Architecture as Space*, Horizon Press, 1957, pp. 22, 28-29
      (브루노 제비 지음, 강혁 옮김, 『공간으로서의 건축』, 신학사, 1983)

80   Per-Olaf Fjeld, *Sverre Fehn on the Thought of Construction*, Rizzoli, 1983.

81   オーギュスト・ロダン, 新庄嘉章(訳), フランスの大聖堂—聖地巡礼, 二見書房,
      1943, p. 9.

82   Alessandra Latour(ed.), "Silence and Light(1969)", *Louis I. Kahn: Writings,
      Lectures, Interviews*, Rizzoli, 1991, p. 242.

83   中村雄二郎, 共通感覺論: 岩波現代新書, 岩波書店, 1980, pp. 271-272

84   Giambattista Vico, *La Scienza nuova(The New Science)*, 1744.

85   한나 아렌트 지음, 이진우, 태정호 옮김, 『인간의 조건』, 한길사, 2001, 152쪽.
      번역 일부 수정.

86   같은 책, 272쪽. 번역 일부 수정.

87   Alessandra Latour(ed.), "Foreword", *Louis I. Kahn: Writings, Lectures,
      Interviews*, Rizzoli, 1991, p. 246.

88   같은 책, p. 242.

89   루이스 칸, 도시(말과 스케치), 1971. 이 도판의 출처는 따로 있지 않으나
      다음 책에 수록되어 있다. Alexandra Tyng, *Beginnings: Louis I. Kahn's
      Philosophy of Architecture*, Wiley-Interscience, 1984, p. 80.

90   Alessandra Latour(ed.), "The Room, the Street, and Human Agreement, 1971",
      Louis I. Kahn: Writings, Lectures, Interviews, Rizzoli, 1991, p. 266.

91   Alessandra Latour(ed.), "How'm I Doing, Corbusier?", *Louis I. Kahn: Writings,
      Lectures, Interviews*, Rizzoli, 1991, p. 298.

92   Alessandra Latour(ed.), "Silence and Light(1969)", *Louis I. Kahn: Writings,
      Lectures, Interviews*, Rizzoli, 1991, p. 242.

93   이때 주택, a house는 'Design'이지만 주택이라는 것, house는 'Form'이다.

94   가라타니 고진 지음, 권기돈 옮김, 『탐구 2』「관념과 표상」, 새물결,
      1998, 114-128쪽 참조.

95   "We're all singularities, and none of us are like the other." Alessandra
      Latour(ed.), "Silence and Light(1969)", *Louis I. Kahn: Writings, Lectures,
      Interviews*, Rizzoli, 1991, p. 237.

96   토를라이프 보만 지음, 허혁 옮김, 『히브리적 사유와 그리스적 사유의 비교』,
      분도출판사, 1975, 83쪽.

97   Louis Kahn, "The Continual Renewal of Architecture Comes for
      Changing Concepts of Space," *Perspecta*, no. 4, 1957.

98 柄谷行人, ヒューモアとしての唯物論, 筑摩書房, 1993, p. 28(가라타니 고진 지음, 이경훈 옮김, 『유머로서의 유물론』, 문화과학사, 2002)

99 Herman Hertzberger, *Space and the Architect: Lessons for Students in Architecture 2*, 010 publishers, 2000, p. 154.

100 槙文彦, 漂うモダニズム, 左右社, 2013, pp. 28-43.

101 같은 책, p. 37.

102 한나 아렌트 지음, 이진우 옮김, 『인간의 조건』, 한길사, 2001, 117쪽, 원주 62.

103 『성종실록』278권, 성종 24년 윤5월 8일 신축 4번째 기사 1493년 명 홍치弘治 6년. "토목일에 대해 공조에 전지하다" 공조工曹에 전지傳旨하기를, "무릇 토목일과 영선營繕하는 것은 본조本曹에서 맡은 것인데, 외방外方의 공해公廨를 수리하고 영조營造하는 것은 관유關由, 공문서로 본조에서 계품啓稟하여 시행하나, …… 이 뒤로는 사직社稷·종묘宗廟·궁궐宮闕 등 중요한 곳 밖의 모든 제사諸司의 수리 따위 일은 본조에 신보申報하게 하여 본조에서 마땅한 일인지를 살피고 아뢰어서 시행하라."

104 심지어는 우리 사회는 건축과 토목도 구분하지 못한다. 사람이 거주하기 위해 만든 것이면 건축이지만 도로, 교량, 터널, 철도, 지하철 등 사람이 거주하지 않는 구조물은 토목이다. 사람들이 다리 위에서 마라톤을 하고 있어도 이 도로는 건축이 아니다. 사람은 다리 위를 달리고 지나가지만 다리 위에 머물지 않는다.

105 鄭英淑, Architectureの訳語をめぐって, 日本近代學硏究, 第42輯, 한국일본근대학회, 2013.

106 김영철, 「옮긴이의 말」, 프리츠 노이마이어 지음, 김무열, 김영철 옮김, 『꾸밈없는 언어: 미스 반 데어 로에의 건축』, 동녘, 2009, 520-521쪽.

107 같은 책, 512쪽에 Fritz Neumeye, *The Artless Word: Mies van der Rohe on the Building Art*, The MIT Press, 1994, p. 338의 문장을 더해 수정.

108 オットー・フリードリッヒ・ボルノウ, 大塚惠一(訳), 人間と空間, せりか書房, 1977, p. 126(Otto Friedrich Bollnow, *Mensch und Raum*, Kohlhammer W., GmbH, 1963)

109 John Dewy, *Art as Experience*, Perigee Books, 1980, p. 231.

110 ミシェル・フーコー, 田村俶(訳), 監獄の誕生―監視と処罰, 新潮社, 1977, p. 224(Michel Foucault, *Discipline & Punish: The Birth of the Prison*, 미셸 푸코 지음, 오생근 옮김, 『감시와 처벌: 감옥의 탄생, 번역 개정판』, 나남, 2016)

111 *UIA and Architectural Education: Reflections and Recommendations*, 2011.

112 朝倉文市, 修道院―禁欲と観想の中世(講談社現代新書), 1995, pp. 141-142.

113 크리스토퍼 브룩 지음, 이한우 옮김, 『수도원의 탄생: 유럽을 만든 은둔자들』 「4장 수도원 생활: 노동과 기도」, 청년사, 2005, 86-107쪽.

114 프랑스 남부 중세 도시로 로마시대 방어 시설 위에 지어진 52개의 탑과 성벽으로 이루어져 있다. 유네스코 세계유산으로 등재되어 있다.

115 스탠포드 앤더슨은 '시설'에 대한 루이스 칸의 생각을 비올레르뒤크와 비교하고
     있다. Stanford Anderson. "Public Institutions: Louis I. Kahn's Reading of
     Volume Zero", *Journal of Architectural Education* Vol. 49, No. 1, 1995.

116 Richard Saul Wurman(ed.), *What Will Be Has Always Been: The Words of Louis
     I. Kahn*, Rizzoli, 1986, p. 168. 루이스 칸은 '시설'을 여러 번 강조하는데, 그중
     가장 대표적인 것은 "학생과의 대화"라는 제목으로 소개된 1964년 라이스 대학의
     강연회이다. '시설'에 대한 칸의 생각은 물론, 그의 건축적 사고 전반을 생기 있게
     이해하려면 반드시 이 글을 세심하게 읽기 바란다. DUNG NGO 지음, 김광현,
     봉일범 옮김, 『루이스 칸, 학생들과의 대화』, 엠지에이치앤드맥그로우힐한국,
     2001 같은 글이 있다.

117 Romaldo Giurgola and Jaimini Mehta, *Louis I. Kahn*, Verlag Für
     Architektur Artemis Zürich Und München, 1975, p. 106.

118 Robert Twombly(ed.), *Louis Kahn: Essential Texts*, W. W. Norton & Company,
     2003, p. 198.

119 김광현, 『건축 이전의 건축, 공동성』, 공간서가, 2014, 61-62쪽.

120 "그때 나는 이렇게 생각했다. 무엇이 되돌아가는 것이며, 원초元初에서 시작하는
     것일까? …… 그러나 나는 제1권을 읽기 시작할 때마다, 제1장에서 머뭇거리고
     있다. 나는 그것을 읽고 또 읽으며, 언제나 그 안에 무언가가 있음을 느낀다. 물론
     만일 내가 '제2권'을 읽을 수 있을 만큼 오래 살 수만 있다면, 내 생각은 아마도
     '제0권' 또는 '제1권'을 읽는 것, 다시 말해 이 놀라운 것, 즉 인간, 자연이 존재하게
     할 수 없는 것을 존재하게 하는 이 위대한 능력을 가진 인간을 응시하는 것이다."
     Richard Saul Wurman(ed.), *What Will Be Has Always Been:
     The Words of Louis I. Kahn*, Rizzoli, 1986.

121 Arthur Drexler(ed.), *The Architecture of the Ecole Des Beaux-Arts*, Museum of
     Modern Art, The MIT Press, 1977, p. 185. 폴 크레Paul Cret에게 에콜 데 보자르
     건축 교육을 받은 루이스 칸의 'Form'은 '파르티parti'와 깊은 유사성이 있다.
     파르티는 '결정하다'라는 구에서 나온 용어로, 에콜 데 보자르의 설계 교육에서
     특정한 건물의 본성에 대해 초기 단계에서 기본적인 개념을 선택하는 것을
     뜻했다. 당시 미국 에콜 데 보자르 건축설계의 유명한 교과서를 지은 하비슨도
     이렇게 설명하고 있다. "폴 크레 교수는 '파르티란 무엇인가'라는 질문에 답하면서
     다음과 같이 말했다. 'party정당'를 의미한다. …… 어떤 사람이 투표자에 의해
     선출된다. 그러나 그 투표자는 어떤 사람이 선출될지 모른다. 마찬가지로 어떤
     문제에 대하여 파르티를 선택하는 것은, 지시된 선들 위에서 발전되는 건물이 그
     문제의 가장 좋은 해결을 주리라고 바라면서 해결을 위한 태도를 정하는 것이다."
     John F. Harbeson, *The Study of Architectural Design*, 1927. p. 75.

122 9세기 당나라 미술사학자 장언원張彦遠, 815-879의 말이다.

123 Alessandra Latour(ed.), "Talks with Students", *Louis I. Kahn: Writings, Lectures,
     Interviews*, Rizzoli, 1991, p. 159.

124 　같은 책, p. 162.

125 　같은 책, pp. 150-162.

126 　David B. Brownlee, *Louis I. Kahn: In the Realm of Architecture*,
　　Rizzoli, 2005, p. 151.

127 　藤本壮介, 建築が生まれるとき, 王国社, 2010, p. 47.

128 　Alessandra Latour(ed.), "Silence and Light(1969)", *Louis I. Kahn:*
　　Writings, Lectures, Interviews, Rizzoli, 1991, pp. 248-257.

129 　파울 프랑클 지음, 김광현 옮김, 『건축형태의 원리』「목적의도」,
　　기문당, 1989, 249쪽.

130 　Le Corbusier, *Vers une Architecture*, Editions Flammarion, 1995(1923), p. 170.

131 　마르틴 하이데거 지음, 오병남, 민형원 옮김, 『예술작품의 근원』,
　　예전사, 1996. 48-49쪽.

132 　Le Corbusier, *Œuvre complète Volume 7: 1957-1965*, Birkhauser, p. 33. 이 책에
　　수록된 다이어그램은 쿠튀리에 신부의 스케치를 새로 그린 것으로 보인다.

133 　실제로 르 코르뷔지에는 1960년의 인터뷰 기사에서 경사진 대지 위에 들어 올린
　　입체가 라 투레트 수도원의 주제였다고 말하고 있다. "여기에서는 지면은 확고한
　　기준이 될 수 없다. 지면에서 위를 향해 위치를 정하는 것을 그만두자. …… 건물의
　　위의 수평선을 정하고, 위에서 아래로 위치를 정해 가자."(1960년 10월에 녹음된
　　수도회와의 대화)

134 　Entretien avec les étudiants des écoles d'architecture, 1957.

135 　Alessandra Latour(ed.), "Space Form Use", *Louis I. Kahn: Writings, Lectures,*
　　Interviews, Rizzoli, 1991, p. 69. 이 글은 워싱턴 대학 도서관이 계획되던 해에
　　쓰였으며 '용도'의 의미를 새롭게 다뤘다.

136 　Peter Kohane, *Louis Kahn and the Library: Genesis and Expression of Form*,
　　VIA, no. 10.

137 　Alessandra Latour(ed.), "Space Order and Architecture", *Louis I. Kahn: Writings,*
　　Lectures, Interviews, Rizzoli, 1991, p. 76.

138 　John Lobell, *Between Silence and Light: Spirit in the Architecture of Louis I.*
　　Kahn, Shambhala, 1979, p. 100. 재인용.

139 　"New Frontiers in Architecture: CIAM in Otterlo 1959", *Louis I. Kahn, Writings,*
　　Lectures Interviews, pp. 85-86.

140 　A. T. Friedman, *Women and the Making of the Modern House*,
　　Yale University Press, 2007, pp. 138-139.

141 　같은 책, p. 144.

142 　같은 책, p. 134.

143 Franz Schulze, *Mies van der Rohe: A Critical Biography*,
     University of Chicago Press, 1985, p. 256.

144 K. Michael Hays(ed.), "Eupalinos or Architecture", *Architecture Theory
     Since 1968*, The MIT Press, 2000, p. 404.

도판 출처

시토 수도회 본원 덧문 사이의 빛 © 김광현

윌리엄 모리스의 붉은 집 © Ethan Doyle White / Wikimedia Commons

루이스 바라간의 자택 © AD Classics: Casa Barragan

무르텐 스위스 엑스포 건물 © Norbert Aepli / Wikimedia Commons

아 코루냐 라 마리나 길 © Jose Luis Cernadas Iglesias / Wikimedia Commons

데쓰카 다카하루의 후지유치원 © Katsuhisa Kida

장크트갈렌 수도원 평면도 © Pinterest /
https://www.pinterest.co.kr/pin/194569646372837771/

루이스 칸의 카르카손 스케치 © *Paintings & Sketches of Louis I Kahn*,
Rizzoli, 1991, p. 321

비올레르뒤크의 나르본느 성문 드로잉 © *Journal of Architectural Education*,
1995. 10, p. 14

르 코르뷔지에의 파르테논 스케치 © *Catalogue de L'Exposition
Le Corbuser au Japon*, 1996-1997, p. 51

루이스 칸의 아크로폴리스 스케치 © *Paintings & Sketches of Louis I. Kahn*,
Rizzoli, 1991, p. 271

르 코르뷔지에의 라 투래트 수도원 스케치 © Philippe Potie, *Le Corbusier:
The Convent at La Tourette*, Birkhauser, 2001, p. 103

루이스 칸의 도미니코 수녀회 본원 스케치 © Louis I. Kahn Collection

한스 홀라인의 비물리적 공간제어 조립용품 © Bauwelt 19. 2014

발터 피홀러의 텔레비전 헬멧 © melisaki.tumblr.com /
https://www.pinterest.co.uk/pin/239816748878298035/

루이스 칸의 엑서터 도서관 © 김광현

이 책에 수록된 도판 자료는 독자의 이해를 돕기 위해 지은이가 직접 촬영하거나 수집한 것으로, 일부는 참고 자료나 서적에서 얻은 도판입니다. 모든 도판의 사용에 대해 제작자와 지적 재산권 소유자에게 허락을 얻어야 하나, 연락이 되지 않거나 저작권자가 불명확하여 확인받지 못한 도판도 있습니다. 해당 도판은 지속적으로 저작권자 확인을 위해 노력하여 추후 반영하겠습니다.